JN296582

早わかり統計学

早わかり統計学

ドナルド J. クーシス 著

林 由子 訳

信山社

STATISTICS : A SELF-TEACHING GUIDE,
Fourth Edition

by

Donald J. Koosis

Copyright © 1985, 1997 by John Wiley & Sons, Inc. All rights reserved. Authorized translation from the English language edition published by John Wiley & Sons, Inc.

はじめに

　この本は，教育，研究あるいは個人的な理由で，今日用いられる統計学の基本的な概念と手順を学びたい人のための本です．例えば，一般教養の1つとして統計学に興味を持っている人，教育，エンジニアリングあるいは社会科学，化学，物理の分野における学生や教員といった人を対象にしています．ここでの教育メソッドは，これら全ての分野において共通するものとなっており，本の中では，それぞれの分野における統計的テクニックの応用例を見ることができます．

　この本は，いわゆる HOW TO 本です．数多くの便利な統計学的検定や手順の行い方を教えてくれるでしょう．また与えられた状況の下で，これらの検定と手順のうちどれが適切であるかを判断する方法を教えてくれます．検定の基礎となる基本概念について学んでいくことになりますが，全ての公式の数学的導出や全ての検定のあらゆるバリエーションを学ぶわけではありません．この本は，初歩的な数学のみを仮定しています．──公式に出てくる記号を数字に変換し，正と負の数字を＋と－の記号で表せれば十分です．

　この本では，「手」で行うことができる統計作業を数多く取り上げています．──少ないデータ量や相対的に単純な計算問題を扱っています．これらの問題は，鉛筆と紙，あるいは簡単なポケット電卓で完成することができます．

　本を読み進んでいくと，おそらく Microsoft Excel, Lotus 1-2-3, Corel Quattro Pro, Applix Spreadsheets といった表計算ソフトを実行させるためにパソコンあるいはワークステーションにアクセスしていくことになるでしょう．この本で紹介された公式や手順は，簡単に表計算プログラムで実行することができます．こうしたプログラムの実行をさらに容易に行うた

めに，この本の中には，Microsoft Excel 5.0, Lotus 1-2-3 4.0といった広く使われている表計算ソフトによる共通の統計的計算を自動的に行なう組込み関数の説明が含まれています．

　毎日の仕事あるいは学習において，鉛筆と紙，電卓あるいは表計算ソフトを用いて，これらの技法を使うことができるようになるでしょう．

　この本を通して仕事をする際には，統計的検定と手順による結果が，それらの基になるデータと同じぐらい重要であることを忘れないでください．測定と実験計画の問題については，この本の範囲外であるので，軽くだけ触れていきます．おそらく，あなたが統計的技法を使い始める時には，他の情報源からあなたの分野の知識を応用していかなければなりません．本の後ろには，進歩の度合を評価するための最終テストとして用いるためのテストを載せています．このテストには，全ての章からのマテリアルが含まれています．もし，それぞれの章の復習問題と最終テストを十分に完成することができたならば，この本の内容を習得したという自信につながるでしょう．

訳 者 序 文

　本書は，Donald J. Koosis 著，Statistics: a self-teaching Guide, 4th ed. の邦訳である．本書は，これまで全く統計学を学習したことがない方々のために，自己の専門分野に統計学の手法を活用していただくための書である．どのように統計学の手法をそれぞれの分野に適用していくかについて，Q＆A方式により理解を容易にすることで，統計学を実際に用い，統計学に関心を持ち，各分野にその知識をフィードバックしていただくことを願って翻訳を行った．

　本書の表計算ソフトを用いた学習部分については，Microsoft Excel については Microsoft Office 2000を，Lotus 1-2-3については Super Office 2000を用いて操作の確認および修正を行っている．また原書における疑問点についても著者に確認を取りながら修正を行った．

　なお，大川勉先生(大阪産業大学)より訳語等に関する貴重なコメントを頂いた．最後に，この出版事情の困難な時期に本書の出版を快くお引き受けいただいた信山社社長今井貴氏，ならびに編集上の有益な助言をして下さった戸ヶ崎由美子氏に記して感謝の意を表したい．

　2001年3月

　　　　　　　　　　　　　　　　　　　　　　　　　林　　由　子

本書の使い方

　この本は，フレームと呼ばれる順番付けられたセクションで構成されています．それぞれのフレームは，新しいマテリアルをあらわし，質問の答えを求め，そしてその後正しい答えを与えます．正確に答えられるようになるまでじっくりと時間をかけていきましょう．もし間違いを見つけたならば，次のフレームに進む前に正しい答えを理解したかを確かめるために前のマテリアルに戻りましょう．

　この本は，簡単に読み進むことができる本ではありません．他の数学の科目と同様に，統計学は集中力を要します．それぞれの章は，約2時間分の内容になっています．もし可能ならば，1章を1セッションあるいは2セッションで完成させるよう努め，セクションあるいは章の最後でのみ切りましょう．何度も中断することは，習得を困難にします．

　この本で求められる全ての計算は，手計算で行なうのに適度な計算量です．しかしながら，手計算を行なうことに特別な利点はありません．できるならば，ポケット電卓や表計算ソフトを使いましょう．

　もしあなたの興味が基本的に検定に含まれるステップを理解することであれば，計算すること自体に深入りすることなく，いくつかの計算をスキップするのもよいでしょう．こうした学習を行う場合には，問題を設定し，この問題に関する本書の解答の解法とあなたが用いた方法を比べて確かめて下さい．

　それぞれの章の最後には，復習問題が1セット載せてあります．これらの問題は，章の内容を復習するだけではなく，あなたが学んできたその他のマテリアルにも関係しています．これらの問題を読み飛ばしてはしてはいけません．これらの問題を解くことは，学習過程においてとても重要です．

　この本の最後には，進歩の度合を評価するための最終テストとして使うことができるテストを載せています．

目　次

はじめに ……………………………………………………… v
訳者序文 ……………………………………………………… vi
本書の使い方 ………………………………………………… vii

1章　基本スキル …………………………………………… 1
2章　母集団と標本 ………………………………………… 41
3章　推定する ……………………………………………… 89
4章　仮説検定を行う ……………………………………… 123
5章　平均値の差 …………………………………………… 155
6章　2つの分散あるいはいくつかの平均値の差 ……… 187
7章　2組の測定値の関係 ………………………………… 221
8章　分布の検定 …………………………………………… 257
9章　2変数の相乗効果 …………………………………… 283

付録 A：表 (304)

付録 B：テスト (329)

索　引 ………………………………………………………… 335

1章　基本スキル

　この章は，データの整理の仕方について述べたものです．実験を行なったり，サーベイあるいは情報を収集する場合，通常，多数の観測値を収集します．例えば，27人分のクラスメートのテストの点数，12人の陪審員の意見，あるいは100本のセコイアの木の高さといったデータを持ちます．最初の課題は，一般的な結論を導き出すためにいくつかの方法でこの情報を整理することです．―これによって，個々の木と同じ様にその森全体を見ることができます―

　観測値のグループを整理する一般的で便利な方法の1つは，グラフを描くことです――度数分布 (frequency-distribution) グラフ――．もう一つの方法は，典型的な観測値を記述するいくつかの種類の「代表値」を計算することです――中心傾向の測度――．3つの共通して使われている中心傾向の測度は，平均値 (mean)，中央値 (median)，最頻値 (mode) です．

　観測値がどの程度もう1つの観測値と離れているかについて数学的に記述することもまた有益です――散布度 (variability)――．散布度の3つの一般的な測度は，範囲 (range)，標準誤差 (standard deviation)，分散 (variance) です．

　この章ではデータを整理するもっとも一般的な方法を学んでいきます．この章の学習を完了することで，以下のことができるようになります．

- 度数分布グラフを作図する．
- 度数分布を描くためによく使われるいくつかの語彙を認識し応用する．
- 3つの中心傾向の測度を計算する．平均値，中央値，最頻値．
- 3つの散布度の測度を計算する．範囲，標準誤差，分散．
- 以上の全てを表計算ソフト上でおこなう．

■ I章　基本スキル

度数分布グラフの作り方

度数分布は，大部分の種類のデータを整理するのに有益です．度数分布は測定値をカテゴリー（分類項目）に分け，測定値が何回それぞれのカテゴリーに落ちているのかを（回数あるいは割合で）表しています．おそらく日常生活のデータを分析するために度数分布を用いていくでしょう．

1 以下のデータを考えましょう．

アイリーンはグリーンの目をしている	ドンはブルーの目をしている
トムはブラウンの目をしている	カールはブルーの目をしている
マリーはブラウンの目をしている	サラはブラウンの目をしている
ジョンはブルーの目をしている	キャロルはブラウンの目をしている
デイビッドはブラウンの目をしている	マークはブラウンの目をしている

これらのデータをどのように整理しますか？

答：おそらく次のような表を考えたでしょう．

ブラウンの目	6	あるいは	60％
青の目	3	あるいは	30％
緑の目	1	あるいは	10％

あるいは，次のような度数分布の棒グラフを描いたかもしれません．このグラフは，度数分布ヒストグラム（histogram）と呼ばれます．

度数分布グラフの作り方

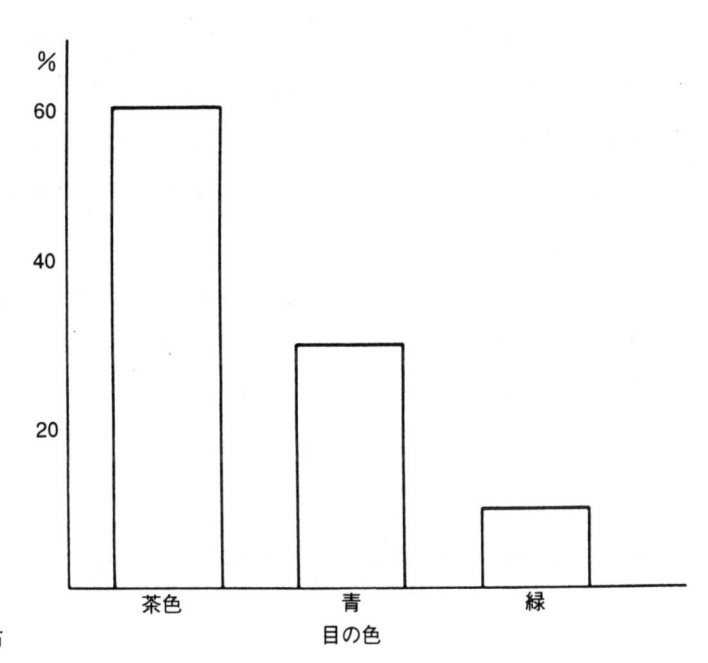

図1-1
10人の目の色の度数分布

2 上のような棒グラフが質問のデータを整理するのに便利です．この棒グラフは目の色の＿＿＿＿＿を示しています．

答：度数分布

3 自動車の付属部品を販売している会社のために市場調査をするとしましょう．あるショッピングセンターの顧客が乗っている車の種類に関心があります．ある日の午後，駐車場には次のような種類の車がありました．

ファミリーセダン	エコノミーカー	エコノミーカー
実用車／バン	ファミリーセダン	ワゴン
ワゴン	ファミリーセダン	実用車／バン
スポーツカー	エコノミーカー	実用車／バン

1章　基本スキル

ファミリーセダン	ファミリーセダン	小型トラック
スポーツカー	実用車／バン	ワゴン
実用車／バン	実用車／バン	ワゴン
スポーツカー	ファミリーセダン	エコノミーカー
エコノミーカー	エコノミーカー	ワゴン
高級セダン	エコノミーカー	実用車／バン
クラッシックカー	ファミリーセダン	ファミリーセダン
実用車／バン	ファミリーセダン	ファミリーセダン
実用車／バン	実用車／バン	

これらの調査結果の度数分布グラフを描きなさい．

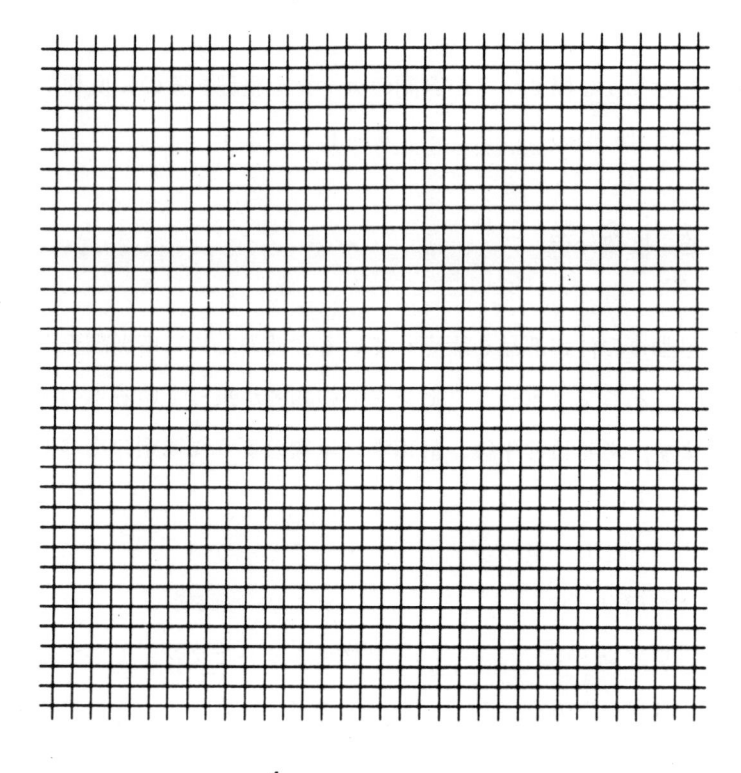

図1-2
あなたのグラフ用紙

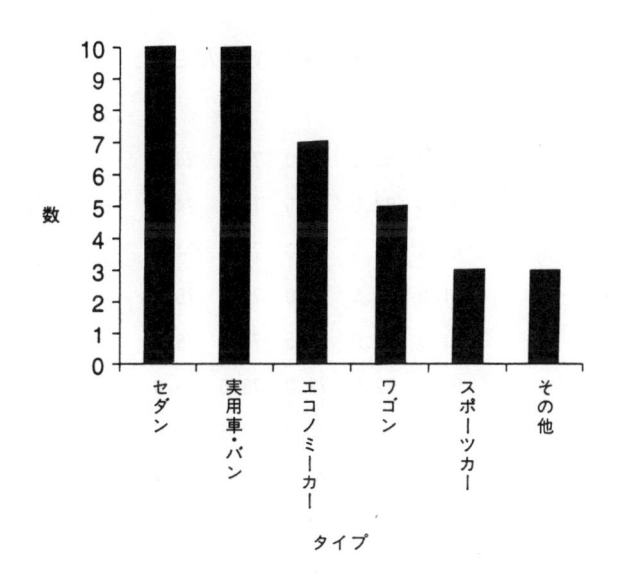

図 I-3
車の度数分布

答：グラフは上のようになっているはずです．通常なされるように，グラフは縦軸に割合として観測値の数を横軸にカテゴリーを示しています．カテゴリーを並べる順番は，決まったものではありませんが，ある種の法則があれば，読み手は助かります．たとえば，ここでは度数の高い順にカテゴリーを並べています．

4 しばしば，整理したいデータはカテゴリーに分かれてはおらず，連続した測定値となっています．たとえば，長さ・時間・気温等です．それらの測定値はカテゴリーにグループ分けしなければなりません．

　カテゴリーの境界を定める一般的な方法では，それぞれのカテゴリーに含まれる観測値が境界の下限以上，かつ境界の上限未満となるように定めます．もしあなたがこれに従うならば，グラフのラベルは読み取りやすくなるでしょう．ただしあなたと読み手は，境界を定めるルールを明確に分かっていなければいけません．

　たとえば，次のような原データ（加工されていないデータ）とこれらの気

■I章 基本スキル

温（度）を基に作成した度数分布を見てください．

```
59.0  62.0  70.0  72.5  74.5
59.5  62.0  70.5  72.5  74.5
60.5  63.5  71.0  73.0  74.5
61.0  63.5  71.0  73.0  75.0
61.0  64.0  71.5  73.0  75.0
61.0  67.5  72.0  73.0  75.0
61.0  68.0  72.0  73.5  76.0
62.0  69.5  72.0  73.5  76.5
62.0  70.0  72.5  73.5  77.0
62.0  70.0  72.5  74.0  79.0
```

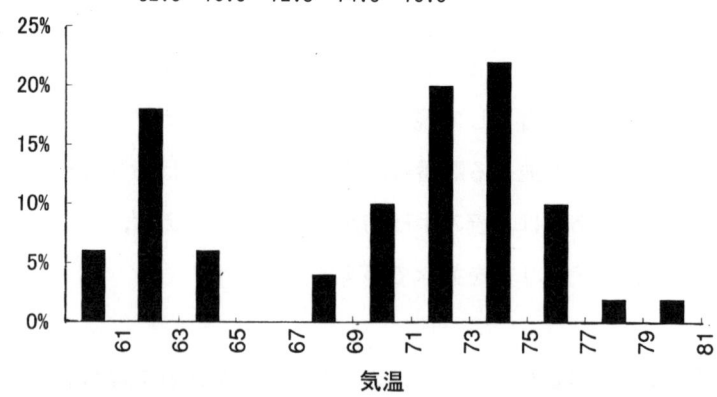

図1-4
気温の度数分布

上の（棒）グラフの最初の棒は＿＿＿度以上＿＿＿度未満の測定値の数を表しています．

答：59度以上61度未満

5 上のグラフの2本目の棒は＿＿＿度以上＿＿＿度未満の測定値の数を表しています．

答：61度以上63度未満

6 図I-4において，データをグループ化するために用いたカテゴリーの数はいくつですか．

答：10

7 以下のイラスト（グラフA，B，C）は，同じデータに基づく3つの度数分布グラフを表しています．1つ目は，10のカテゴリーを用いた上と同じグラフです．2つ目は40のカテゴリーを，3つ目は3つだけのカテゴリーを用いたグラフです．どのグラフがもっともデータを有益に整理できていると思いますか．

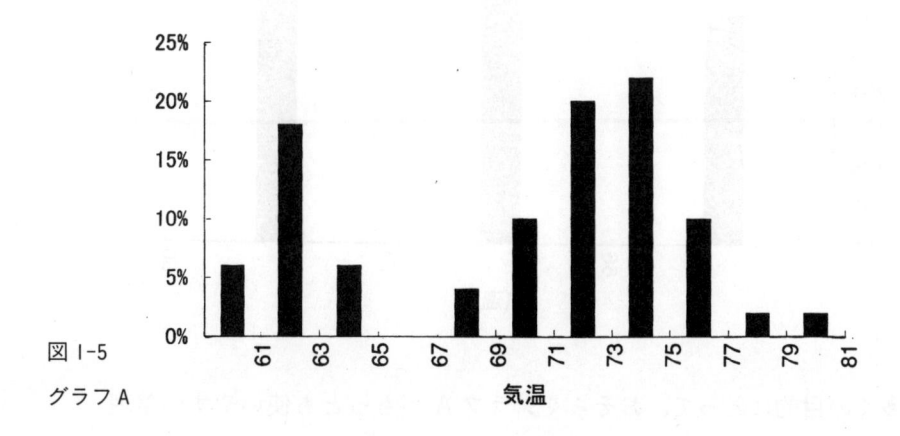

図I-5
グラフA

■I章　基本スキル

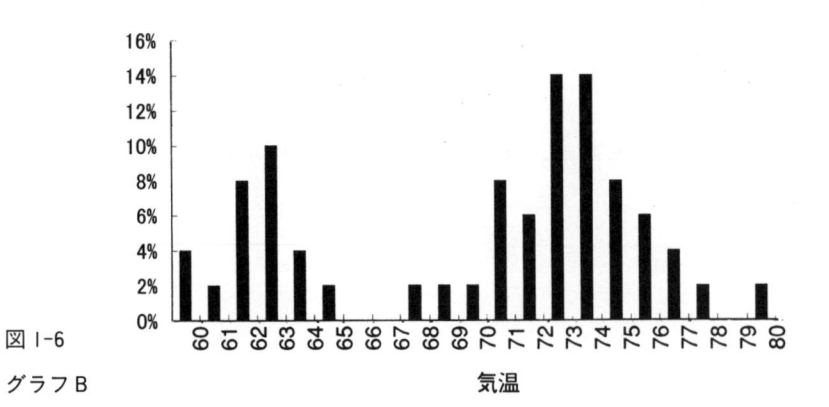

図I-6
グラフB

図I-7
グラフC

答：多くの目的にとって，おそらくグラフAがもっとも使いやすい整理法でしょう．グラフBは細かすぎて全体としての形がわかりづらく，反対にグラフCは間隔が大きすぎて有意義となるかは疑わしいと思われます．

8 だいたい測定値の分布の範囲内で10から20のカテゴリーを選ぶのがよいでしょう．もし50点から100点にテストの点数が分布しているならば，次の

度数分布グラフの作り方

どのカテゴリーの組み合わせが好ましいでしょうか.

　　(a)　50−52, 53−54, 55−56…
　　(b)　50−59, 60−69, 70−79…
　　(c)　50−54, 55−59, 60−64…

答：(c)　50-54, 55-59, 60-64…

9　10のカテゴリーを用いて，次のデータの度数分布グラフを作りなさい．

1.1	1.8	2.1	2.2	2.7	3.6
1.4	1.8	2.1	2.3	2.9	3.8
1.4	1.9	2.1	2.4	2.9	4.1
1.4	1.9	2.1	2.4	3.0	4.5
1.7	1.9	2.1	2.5	3.2	4.9

■ I章　基本スキル

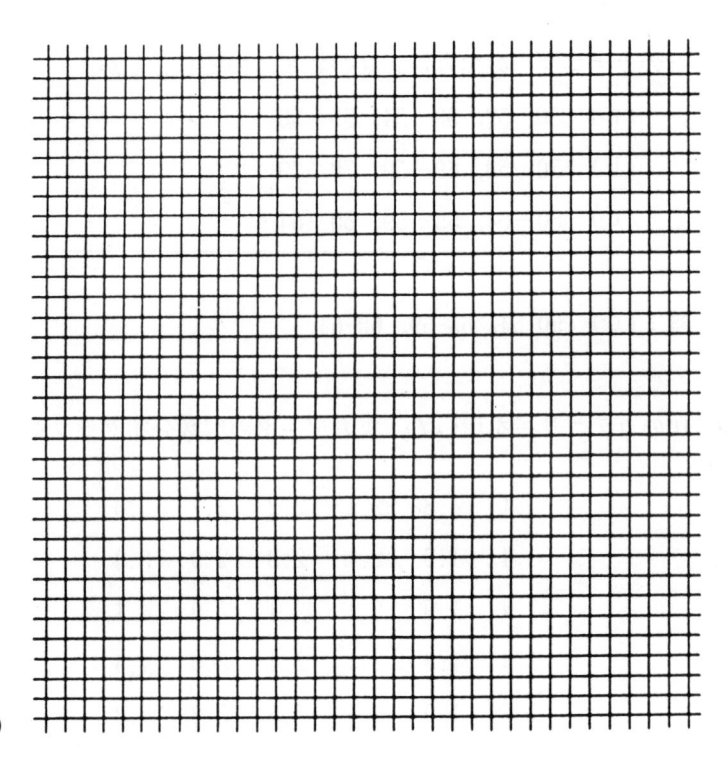

図 I-8
（あなたのグラフ用紙）

答：グラフは次のような形です．

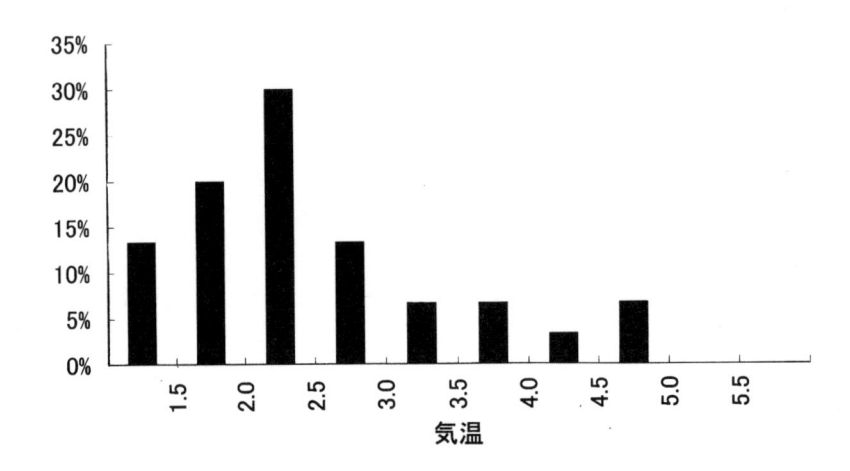

図 I-9
度数分布

表計算ソフトによる度数分布

多くのパソコン用の表計算ソフトは，ワークシートのデータから自動的に度数分布を作成する機能があります．下の図1-10を参考にしてください（図はLotus 1-2-3によるものです）．Microsoft ExcelあるいはLotus 1-2-3でも同じように表すことができます．

注意：これらの表計算ソフトを用いた場合，頻度にはデータ区間の数値以下の個数を返します．

	A	B	C	D	E
	データ範囲		データ区間	頻度	
2	0.5		1.0	3	
3	0.9		2.0	3	
4	1.0		3.0	1	
5	1.1		次の級	1	
6	1.2				
7	1.3				
8	2.1				
9	3.2				

図1-10
表計算における度数分布

当然，度数分布を作成する最初のステップは，ワークシートの1つの列にデータを入力することです．このデータの列は，データ範囲 (data range) と呼ばれます．

次のステップは，データを分類するカテゴリーを定義することです．表計算用語でこれらのカテゴリーは，データ区間 (bin) と呼ばれます．データ区間を定義するために，そのワークシートの別の列に昇順でそれぞれのカテゴリーの最大値を入力し，データ区間を定義した右側の列を一列あ

■ I章　基本スキル

けておきます．
以下の順に選択していきます．

　　　［ツール］→［分析ツール］→［ヒストグラム］(Microsoft Excel)
　　　［範囲］→［分析］→［頻度］(Lotus 1-2-3)

＊＊Microsoft Excel を用いる場合，セットアップで「アドイン」の「分析ツール」を組み込み，メニューバーより，［ツール］→［アドイン］として，「分析ツール」をチェックすることで登録することができます．
入力データの範囲とデータ区間を示すためにダイアログを完成させなさい．「OK」を選択すると，表計算ソフトはそれぞれのデータ区間に落ちているデータ項目の数を数え，データ区間が書かれた右側の列に度数分布表を作成します（Microsoft Excel では自分で指定します）．最後のデータ区間の定義の境界を超えたデータは，最後のデータ区間のデータの下のセルに載ります．

10 図 I-10 の入力データは，＿＿＿＿＿のセルにあります．データ区間の定義は，＿＿＿＿＿のセルにあります．D5のセルには，＿＿＿よりも大きな観測値の数が示されています．

答：A2からA9
　　C2からC4
　　3.00

一度データが保存されると，あなたの表計算ソフトに適した方法を用いてチャートやグラフも作成することができます．

度数分布の描写

度数分布を描くためによく使われる，いくつかの一般的な専門用語があります．最頻値 (mode)，双峰 (bimodal)，歪んでいる (skewed)，正規 (normal) といった語句を知っていると便利だということがわかります．

11 観測値の分布は，いろいろな形をとり得ます．いくつかのより一般的な状況が図 1-11 に描かれています．これらの分布は，それぞれ100人の大学生のグループに基づく与えられた中国のパズルを解くためにかかった時間を表しています．それぞれのパズルの制限時間は30分です．

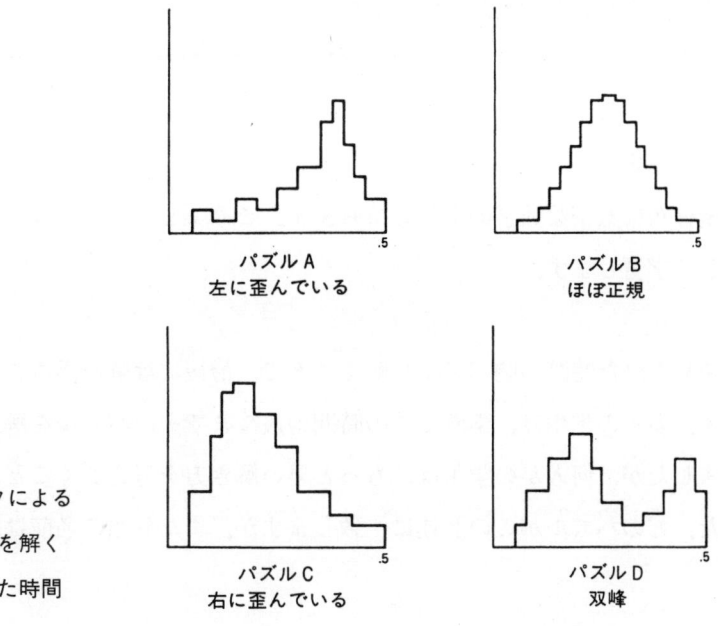

図 1-11
100人のデータによる
4つのパズルを解く
ためにかかった時間

パズル A
左に歪んでいる

パズル B
ほぼ正規

パズル C
右に歪んでいる

パズル D
双峰

■ I章 基本スキル

これらのパズルのうち1つは，パズルを解くためにあきらかに2種類のアプローチがあります．約半分の学生は，正しいアプローチではじめ，非常に早く解きました．一方でその他の半数の学生は，最初に間違ったアプローチを行なったため，もう一方の解き方よりもかなり長くの時間がかかりました．どのパズルがこの記述と一致しますか．またその分布の名前は何ですか．

答：パズルD
　　双峰

12 これらのパズルのうち1つは，あきらかに1つの平均時間が存在していました．平均よりも早く終わった人と平均よりも遅く終わった人の数はほぼ同じで，その分布は釣鐘型をしていました．どのパズルがこの記述に一致しますか．また分布の名前は何ですか．

答：パズル　B
　　　ほぼ正規

正規分布は厳密な数学的定義を持ちます．このことについては，後でより詳しく学習します．

13 ある決められた時間の間パズルを解くことで，最後には解を得ることができます．多くの学生は，素直にこの時間の最後までそのパズルを解き続けていましたが，何人かの学生は，もっと早い解き方を考えつくことができました．どのパズルがこの記述に一致しますか．また分布の名前は何ですか．

答：パズル　A

度数分布の描写

左への歪み

14 分布のピークあるいは最頻値は，最も多く存在する数値です．つまり，グラフの一番高い棒です．このデータの最頻値は何ですか．

3，3，4，4，4，5，5，5，5，5，5，5，7，8，8，9，9

答：最頻値は，最もよく出てきた数値5です．

15 分布が2つのピークを持つ時もあります．——これらのスコアは，まわりのスコアよりも大きくなります（図1-12）．このような2つのピークを持つ分布は＿＿＿＿と呼ばれます．

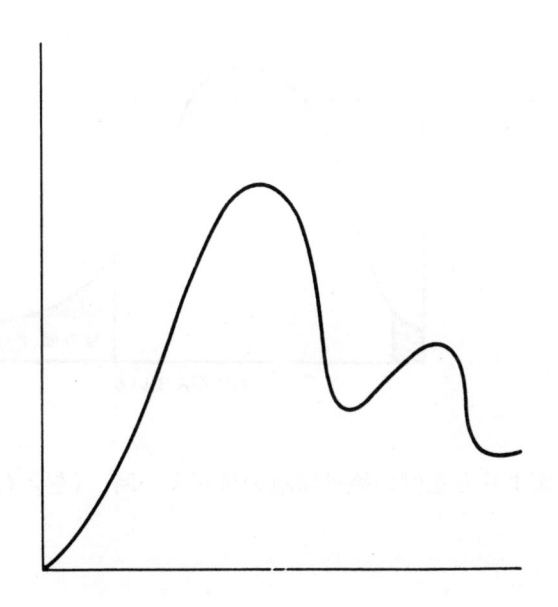

図1-12
双峰分布

答：双峰

■ I章 基本スキル

16 下の分布を見てください．

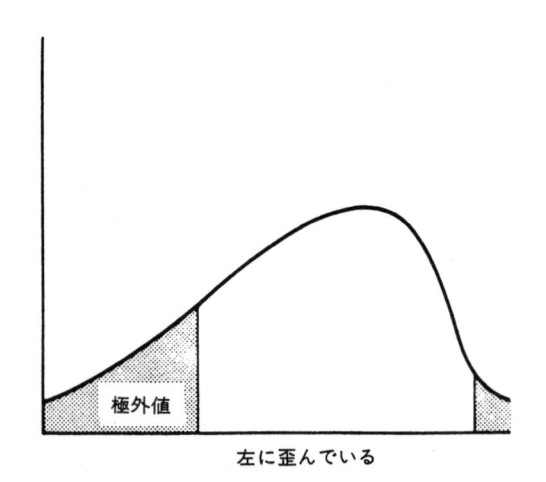

図 1-13
左に歪んでいる

左に歪んでいる（極外値）

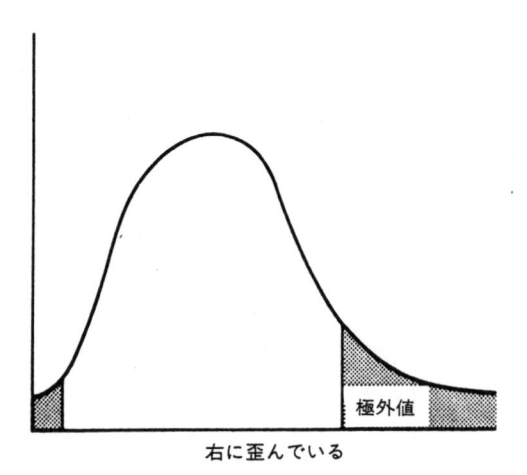

図 1-14
右へ歪んでいる

右に歪んでいる（極外値）

分布の右側よりも左側の極外値点の数が多い時，(左／右)に歪んでいるという．

答：左

度数分布の描写

17 右に歪んだ分布をスケッチしてください．

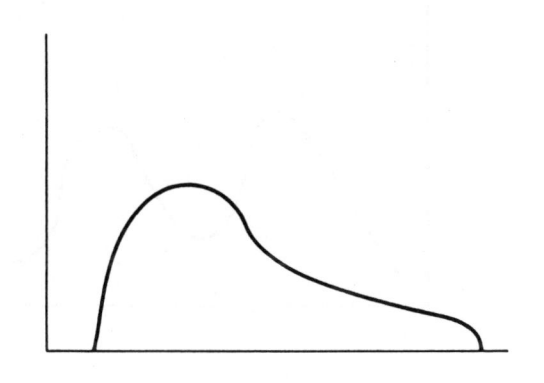

図 1-15
右に歪んでいる

18 ほぼ正規な分布をスケッチしてください．

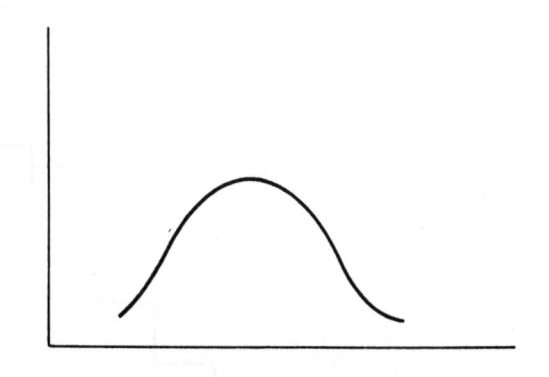

図 1-16
ほぼ正規

19 双峰分布をスケッチしてください．

■ I章　基本スキル

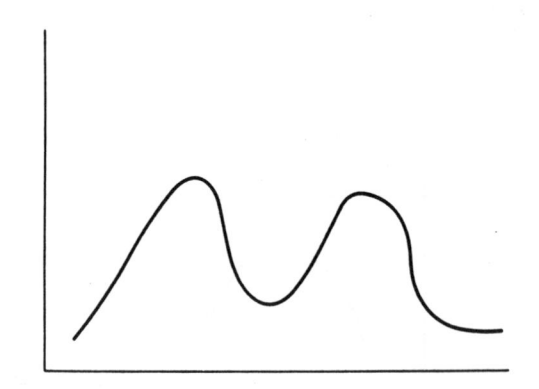

図 1-17
双峰

20 この分布の最頻値は何ですか．

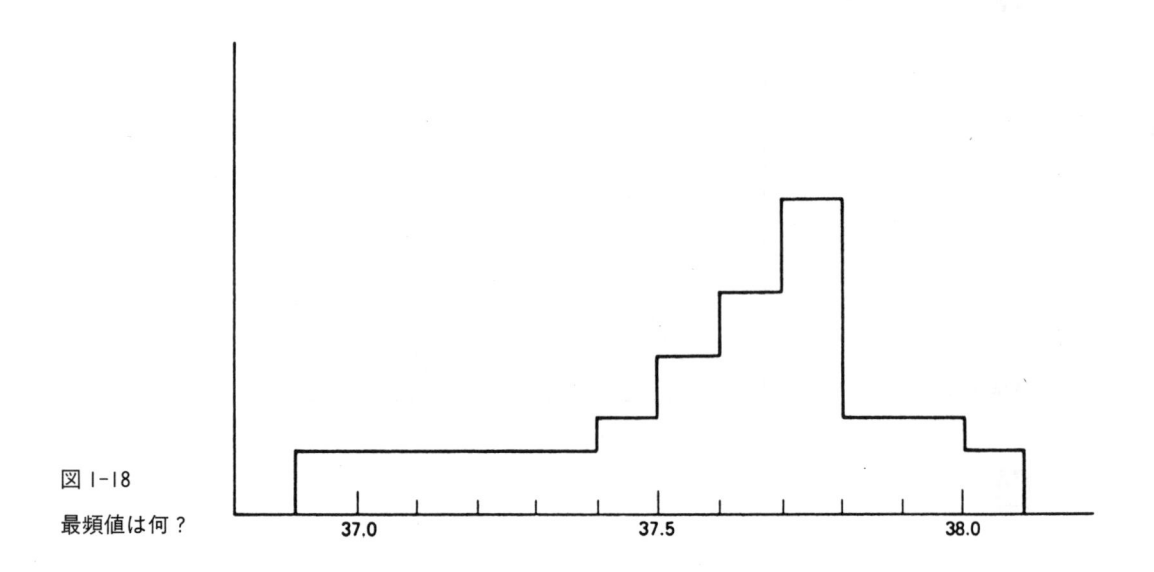

図 1-18
最頻値は何？

　　答：37.7−37.8

21 この分布の最頻値は何ですか．

度数分布の描写

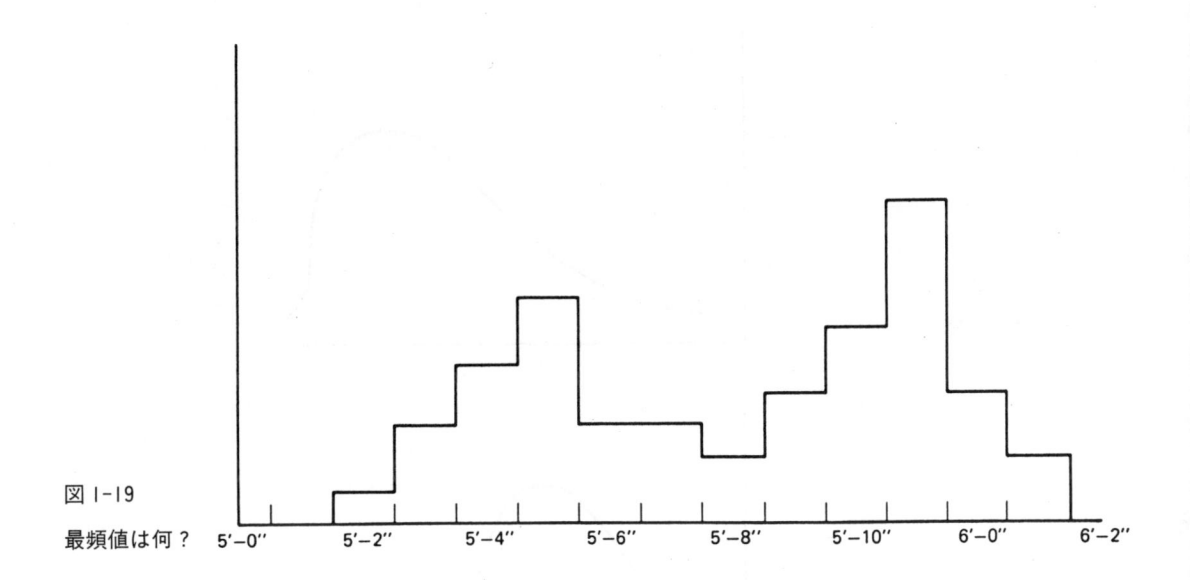

図 1-19
最頻値は何？

答：5フィート11インチ（第2モードは5フィート5インチ）

22 これらの分布を短い言葉で表しなさい．

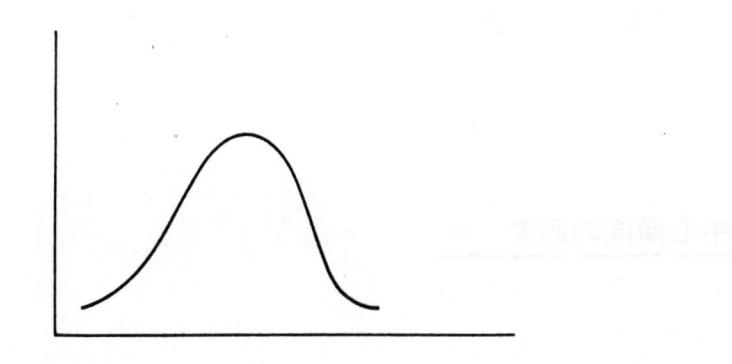

図 1-20
これは何？

■ I章　基本スキル

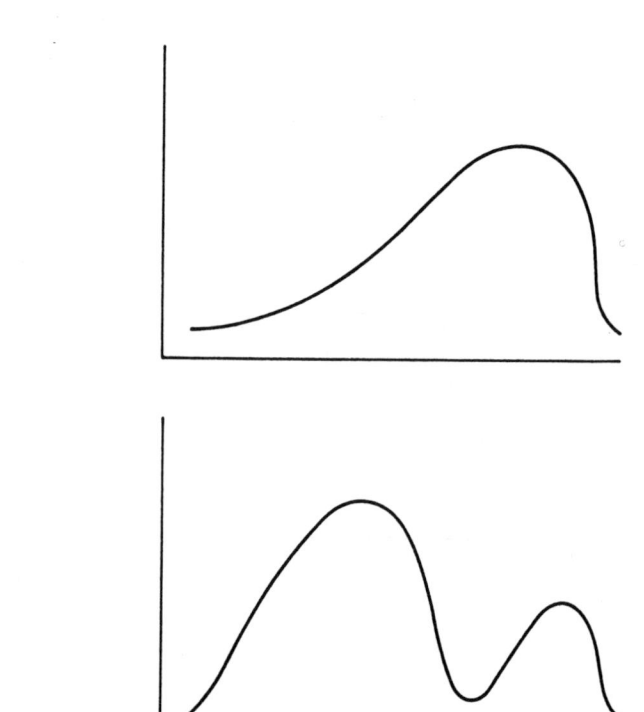

図 I-21

これは何？

図 I-22

これは何？

答：（a）　ほぼ正規
　　（b）　左に歪んでいる
　　（c）　双峰

中心傾向の測度

　しばしば，私たちは典型的な分布を持つ測定値の全体の分布を1つの数値によって要約したいと思うことがあります．この数値は中心傾向の測度と呼ばれます．知っておくべき3つの中心傾向の測度は，平均，中央値，最頻値です．最頻値についてはすでに学習しているので，中央値と平均値が

残された課題です．

23 中央値 (median) とは1組の測定値の中の真中の測定値です．中央値を求めるためにしなければならないことは，

　　（a） 大きさ順に観測値を並べ替える．
　　（b） そこで真中の数を見つける．

たとえば，次のような11個の測定値の組においては，6番目が中央値となります．

　　11, 11, 13, 15, 17, 17, 17, 19, 19, 19, 19

この分布の中央値は，＿＿＿です．

答：17

24 以下の1組の測定値の中央値は何ですか．

　　2.0, 5.8, 6.1, 10.5, 53.9, 54.0, 78.6

答：10.5

25 以下の1組の観測値の中央値は何ですか．最頻値は何ですか．

　　55, 50, 53, 54, 53, 54, 55, 56, 58, 60, 54, 54, 55, 58, 52, 54, 56, 57, 59

答：中央値　55
　　最頻値　54

　観測値が偶数個であるときには，リストの真中が，二つの観測値の間にあります．一般的な手順は，中間中央値（halfway point the median）と呼ばれるものです．たとえば，次のような測定値ならば，

　　1，5，6，9，11，12

中央値は7.5（6と9の中間）です．

26 平均値（mean）は，全ての測定値を足し，測定値の個数で割った値です．たとえば，

　　　1.0
　　　2.0
　　　3.0
　　　6.0
　　　6.0
　　　7.0
　　　9.0
　　　34.0
　　　34.0÷7＝4.9

次の観測値グループの平均値，中央値，最頻値を求めなさい．

　　400，600，800，800，850，850，850，850，850，950，1000

答：平均値，800（＝8800/11）

　　中央値，850

　　最頻値，850

27 平均値の公式を見ていきましょう．最初少し不安になるかもしれませんが，既に平均値の計算を行っているので，手順が簡単だということがすぐにわかります．

平均値の公式は，

$$\mu = \frac{\sum x}{n}$$

この公式の中の記号は，それぞれ

μ（ギリシャ文字のミュー）は，平均値をあらわします．

x は個々の観測値をあらわします．

Σ（ギリシャ文字のシグマ）は全ての x の値を足し合わせる機能を示します．

n は観測値の個数をあらわします．

音読する時には，"ミューイコール n ブンノシグマ x" と読みます．一度慣れるために写してみましょう．

答：$\mu = \frac{\sum x}{n}$

28 いくつかの数値を用いて公式を当てはめて見ましょう．次の数字は，分単位の電話の通話時間のデータ系列です．通話時間の平均値が知りたいとします．

　　1.0, 5.0, 5.3, 6.0, 6.0, 7.0, 7.7, 8.0, 8.1, 8.9

I章 基本スキル

この問題で，x はいろいろな値をとる系列です．それらは何ですか．

答：1.0，5.0，5.3…　それぞれの通話時間

29 Σx はすべての x の値の合計です．この場合 Σx の値は何ですか．

答：63.0（＝1.0＋5.0＋5.3＋…）

30 この場合 n の値は何ですか．

答：10（あなたが持っている x の観測値の数）

31 μ は何ですか．

答：$\mu = \dfrac{\Sigma x}{n} = \dfrac{63.0}{10} = 6.3$

表計算ソフトによる中心傾向

表計算ソフトには，中心傾向の測度を自動的に求める関数があります．それぞれの場合ごとに，セル上に公式を入力しなければなりません．公式では，データが含まれる範囲と必要な中心傾向の測度を定義します．

中心傾向の測度	Microsoft Excel	Lotus 1-2-3
平均値	=AVERAGE（A1：A20）	@avg（A1..A20）
中央値	=MEDIAN（A1：A20）	@median（A1..A20）
最頻値	=MODE（A1：A20）	なし

32 あなたが使っている表計算ソフトで次の質問に答えてください．
あなたのデータがD15からD75のセルに入っていて，セルE5に平均値を表示させたいならば，セルE5に入力する公式は何ですか．

答：Microsoft Excel を使っているならば，＝AVERAGE(D15：D75)です．
　　　Lotus 1-2-3 を使っているならば，＠avg(D15..D75)です．

散布度の測度

散布度の測度は，1組の観測値がどのように散らばっているのかを示す方法です．分布の範囲—その分布の最大値と最小値の差—は，大雑把な散布度の測度の1つです．この本で学習していくその他の散布度の測度は標準偏差と分散です．

たとえ標準偏差と分散を計算するためにコンピュータを使おうと思っていたとしても，このセクションでは，計算を完璧にするために電卓あるいは鉛筆と紙を使うことを強く勧めます．計算過程を追うことは，公式の意味を覚えるのに役立ちます．

■ I章　基本スキル

33 標準偏差と分散は＿＿＿＿＿の測度です．

答：散布度

34 標準偏差の基本公式は，

$$\sigma = \sqrt{\frac{\Sigma(x-\mu)^2}{n}}$$

ここで σ（ギリシャ文字のシグマ）は，標準偏差をあらわします．その他の記号については見慣れているはずです．もしあなたの数学力が少しなまっていても，パニックにならないで！順々に公式をゆっくりと追っていきましょう．（もしすでに似たような公式を見たことがあるなら，我慢して下さい．すぐに追いつきます）

次のデータ（次のページのワークシート参照）に段階的に公式を当てはめていきましょう．

Step 1. 平均値，μ を求める（エリア1参照）．
Step 2. それぞれの x の値について $(x-\mu)$ を求める．括弧は，このステップが最初にくることを示しています（エリア2参照）．
Step 3. それぞれの x の値について $(x-\mu)^2$ を求め，全ての $(x-\mu)^2$ の合計を求める（エリア3参照）．
Step 4. $\Sigma(x-\mu)^2$ を x の個数で割る（エリア4参照）．
Step 5. $\frac{[\Sigma(x-\mu)^2]}{n}$ の平方根を求める（電卓を用いるか巻末の表IIで探しなさい．エリア5参照）．

散布度の測度

1. x	2. $(x-\mu)$	3. $(x-\mu)^2$
2	-1	$+1$
2	-1	$+1$
2	-1	$+1$
3	0	0
3	0	0
4	$+1$	$+1$
4	$+1$	$+1$
4	$+1$	$+1$
$\Sigma x = 24$		$\Sigma(x-\mu)^2$

$$\mu = \frac{\Sigma x}{n} = \frac{24}{8} = 3$$

4. $\dfrac{\Sigma(x-\mu)^2}{n} = \dfrac{6}{8} = 0.75$

5. $\sigma = \sqrt{\dfrac{\Sigma(x-\mu)^2}{n}} = \sqrt{0.75} = 0.866$

計算のステップを完璧にするために，次の新しいデータに同じ手順を当てはめて見ましょう。

I章 基本スキル

1. x

   1
   2
   2
   2
   3
   4
   4
   4
   ―――
   5

   $\Sigma x =$

   $\mu = \dfrac{\Sigma x}{n} =$

2. $(x-\mu)$

3. $(x-\mu)^2$

   ―――
   $\Sigma(x-\mu)^2$

4. $\dfrac{\Sigma(x-\mu)^2}{n} =$

5. $\sigma = \sqrt{\dfrac{\Sigma(x-\mu)^2}{n}} =$

散布度の測度

答：

1. x	2. $(x-\mu)$	3. $(x-\mu)^2$
1	-2	$+4$
2	-1	$+1$
2	-1	$+1$
2	-1	$+1$
3	0	0
4	$+1$	$+1$
4	$+1$	$+1$
4	$+1$	$+1$
5	$+2$	$+4$
$\Sigma x = 27$		$\Sigma(x-\mu) = 14$

$$\mu = \frac{\Sigma x}{n} = \frac{27}{9} = 3$$

4. $\dfrac{\Sigma(x-\mu)^2}{n} = \dfrac{14}{9} = 1.556$

5. $\sigma = \sqrt{\dfrac{\Sigma(x-\mu)^2}{n}} = \sqrt{1.556} = 1.248$

■I章　基本スキル

35 散布度の一般的な測度としてこの特殊な公式を使う理由は，この本の本筋からは離れた数学的な問題によるものです．これ以外の公式も可能ですが，偶然にもこれが最も便利です．標準偏差の公式を理解しているかを確かめるために，他の言葉で置き換えましょう．最初に $(x-\mu)$ は，それぞれの観測値と＿＿＿の差です．

答：平均値

36 一度平均値からの差が計算されれば，次のステップでは＿＿＿＿．

答：それらを2乗します．

37 平均値からの差の2乗は，合計されて観測値の個数で割られる――つまり＿＿＿されます．

答：平均

38 最後のステップは＿＿＿＿．

答：平方根をとることです

39 「標準偏差とは，平均値からの平均2乗偏差の平方根です．」これはほんとうですか，間違いですか．

答：正しい

40 以下の数値の標準偏差を計算しなさい．

1, 1, 3, 5, 5

答:

x
1
1
3
5
5
$\Sigma x = 15$
$\mu = \dfrac{\Sigma x}{n} = \dfrac{15}{5} = 3$

$(x-\mu)$
-2
-2
0
$+2$
$+2$

$(x-\mu)^2$
$+4$
$+4$
0
$+4$
$+4$
$\Sigma(x-\mu)^2 = 16$

$$\frac{\Sigma(x-\mu)^2}{n} = \frac{16}{5} = 3.2$$

$$\sigma = \sqrt{\frac{\Sigma(x-\mu)^2}{n}} = \sqrt{3.2} = 1.79$$

41 分散は単純に σ^2 です．もしある分布の標準偏差が2ならば分散はいくつですか．

答: 4

■I章　基本スキル

42 もしある分布の分散が25.00ならば，標準偏差はいくつですか．

答：5.00

43 標準偏差を計算するのと同じ方法で分散を計算します．ただし最後のステップ（平方根をとる）は，スキップします．それゆえ，σ^2 の公式は，＿＿＿＿です．

答：$\sigma^2 = \dfrac{\sum(x-\mu)^2}{n}$

44 σ と σ^2 には，もう1つのよく目にする公式があります．今まで学んできたものと数学的には同じですが，それぞれの観測値の $(x-\mu)$ を計算しなくてもよいので，計算が簡単になります．

$$\sigma = \sqrt{\dfrac{\sum x^2 - (\sum x)^2/n}{n}}, \quad \sigma^2 = \dfrac{\sum x^2 - (\sum x)^2/n}{n}$$

統計的記述を練習するために，一度この公式から計算してみましょう．公式を覚える必要はありません．観測値は，

　　1, 2, 2, 2, 3, 4, 4, 4, 5

以下のステップを読んで，σ^2 を求める表を完成させなさい．

Step 1. 全ての x の値を足して，$\sum x$ を求める．次に $\sum x$ を2乗して $(\sum x)^2$ を計算し，x の個数で割り，$\dfrac{(\sum x)^2}{n}$ を求める．

Step 2. それぞれの x の値について x^2 を求め，全ての x^2 の合計 Σx^2 を求める．

Step 3. $\Sigma x^2 - \dfrac{(\Sigma x)^2}{n}$ を計算し，その結果を n で割る．

次の計算を完成させなさい．

散布度の測定

1. x	2. x^2
1	1
2	4
2	4
2	4
3	9
4	16
4	16
4	16
5	25
$\Sigma x =$	$\Sigma x^2 =$
$\Sigma x^2 =$	
$\dfrac{(\Sigma x)^2}{n} =$	

3. $\sigma = \dfrac{\Sigma x^2 - (\Sigma x)^2/n}{n}$

答：

1. x
    1
    2
    2
    2
    3
    4
    4
    4
    5
    ―――
    $\Sigma x = 27$

    $(\Sigma x)^2 = 729$
    $\dfrac{(\Sigma x)^2}{n} = \dfrac{729}{9} = 81$

2. x^2
    1
    4
    4
    4
    9
    16
    16
    16
    25
    ―――
    $\Sigma x^2 = 95$

3. $\sigma^2 = \dfrac{\Sigma x^2 - (\Sigma x)^2/n}{n} = \dfrac{95-81}{9} = \dfrac{14}{9} = 1.56$

45 統計的公式を用いる際に，ステップの正しい順序を守ることは，大切なことです．

$(\Sigma x)^2$ は，「x の値の合計を求め，それを2乗する」という意味です．

散布度の測度

Σx^2 は，「＿＿の値を求め，＿＿を求める」という意味です．

答：x^2
　　その合計

46 $(\Sigma x)^2$ は「まず＿＿＿＿＿，そして＿＿＿＿＿＿」という意味です．

答：合計を求め
　　その2乗を求める

47 Σx^2 は「まず＿＿＿＿＿，そして＿＿＿＿＿＿」という意味です．

答：2乗を求め
　　その合計を求める

48 記号 μ は何を表しますか．

答：平均値

49 記号 σ^2 は何を表しますか．

答：分散

50 記号 σ は何を表しますか．

答：標準偏差

■ I 章 基本スキル

51 次のデータの中央値，μ，σ，σ^2 を求めなさい．手計算あるいは電卓を用いて計算しなさい．

 1.0, 1.0, 2.0, 2.0, 3.0, 5.0, 7.0

答：中央値は，大きさの順に並べた時の 4 番目（真中）の観測値です．

x	$(x-\mu)$	$(x-\mu)^2$
1	-2	$+4$
1	-2	$+4$
2	-1	$+1$
2	-1	$+1$
3	0	0
5	$+2$	$+4$
7	$+4$	$+16$
$\sum x = 21$		$\sum (x-\mu)^2 = 30$

$$\mu = \frac{\sum x}{n} = \frac{21}{7} = 3$$

$$\sigma^2 = \frac{\sum (x-\mu)^2}{n} = \frac{30}{7} = 4.29$$

$$\sigma = \sqrt{\frac{\sum (x-\mu)^2}{n}} = \sqrt{4.29} = 2.07$$

表計算ソフトによる散布度

いま，手計算によって σ と σ^2 の計算を行なってきて，あなたは表計算プ

ログラムによる散布度の測度を自動的に求める関数をとても知りたいと思っているはずです．中心傾向の測度と同様に，セルに公式を入力しなければなりません．公式では，データが含まれる範囲と求められる散布度の測度を定義します．

	Microsoft Excel	Lotus 1-2-3
標準偏差	=STDEVP（A1：A20）	@std（A1..A20）
分散	=VARP（A1：A20）	@var（A1..A20）
最大値	=MAX（A1：A20）	@max（A1..A20）
最小値	=MIN（A1：A20）	@min（A1..A20）
範囲	=(MAX（A1：A20）−MIN（A1：A20）)	(@max（A1..A20）−@min（A1..A20）)

（注意：標本に基づく標準偏差と分散の推定値もあります．これらについては3章で学習します）

52 あなたの使っている表計算ソフトでこの質問に答えなさい．セル D15から D75にデータが入っています．セル E5に分散をセル E6に標準偏差を表示したいならば，セル E5に入力する公式は何ですか．セル E6に入力する公式は何ですか．

答：Microsoft Excel を使っているならば，E5，=VARP（D15：D75），E6，=STEDVP（D15：D75）です．
　　Lotus 1-2-3 を使っているならば，E5に，@var（D15..D75），E6，@std（D15..D75）です．

■ I章　基本スキル

自己診断テスト

　この章をうまく仕上げてきたならば，今あなたは，たくさんの方法でデータを整理することが出来るようになっているでしょう．
以下のことが出来るようになりました．
● 度数分布グラフを作図する．
● ほぼ正規，歪みを持った，あるいは双峰といった度数分布を描く．
● データを使って平均値，中央値，最頻値の計算をする．
● データを使って標準誤差と分散の計算をする．

　これらの計算を自分自身で出来るようになっているので，これらの数値を用いたレポートを発表する時にコンピュータが何をしているかが解ります．それでは，これらの復習問題に挑戦してみましょう．巻末の表Ⅰには，参考のため公式を載せています．

1．次のデータを使って度数分布を作成しなさい．

0.1	2.5	2.6	5.1	5.3	6.7	7.1
7.3	7.5	7.5	8.9	9.9	10.1	11.3
11.7	12.5	12.8	14.1	15.0	17.5	18.9
19.8	21.7	24.4	24.9			

2．右に歪んだ分布を描きなさい．
3．問1のデータの中央値はいくつですか．
4．問1のデータの平均値はいくつですか．
5．次のデータの標準偏差はいくつですか．
　　3, 8, 8, 8, 9, 9, 9, 18

答 問題を復習するために，答の後に示されたフレームを学習しましょう．

1. 次の分布に使われている間隔は，0.0から2.5を含めないところまで，2.5から5.0を含めないところまで，というようになっています．もしかすると違う間隔を使っているかもしれませんが，これと同じようなグラフとなっていなければなりません．フレーム1から10参照．

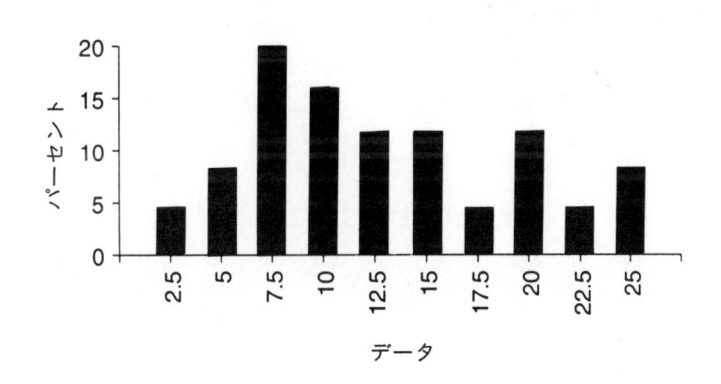

図1-23
度数分布

2.

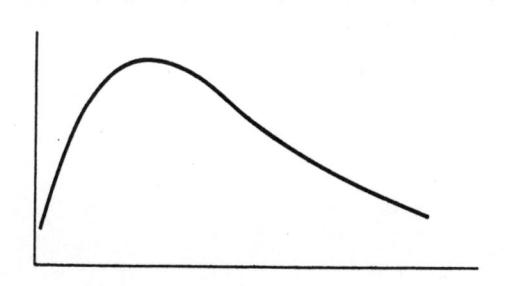

図1-24
右に歪んでいる

　　フレーム12から23参照．

3. 中央値＝10.1

　　フレーム24から26参照．

■I章　基本スキル

4． $\mu = \dfrac{\Sigma x}{n} = \dfrac{285.2}{25} = 11.41$

　　フレーム27から32参照．

5． $\sigma = \sqrt{\dfrac{\Sigma(x-\mu)^2}{n}} = \sqrt{\dfrac{120}{8}} = \sqrt{15} = 3.87$

　　フレーム34から52参照．

2章　母集団と標本

統計学において，母集団（population）と標本（sample）の区別はとても重要です．母集団（population）は，あるタイプの中の理論的に可能なかぎりの観測値を含みます．たとえば，森の中の全ての木の高さを測ったとすると，母集団を計測したことになります．標本（sample）は，そのうちのいくつかの観測値のみを含みますが，すべての理論的に可能な観測値は抽出される可能性が等しくなるような方法で選ばれます．たとえば，もし森の中から50本の木を無作為に選んで，それらの高さを測ったとすると，母集団から標本を測っていることになります．

　この本で学ぶ多くのテクニックは，母集団についての結論を引き出すために標本についての情報を用いて行なわなければなりません．あるいは，その逆もあります．無作為に選ばれた2，3本の木についての情報から，森についてのいくつかの結論を引き出すことが出来ます．またその森についての情報から，無作為に選ばれた木のグループについてのいくつかの結論を引き出すことが出来ます．

　標本と母集団の間を行き交うために用いる道具は，標本分布（sampling distribution）と呼ばれる数値表です．この章では，どのように標本分布が数学的に導出されるかについては軽くだけ触れていきます．また，母集団についての情報を基に標本についての結論を引き出すために，もっとも便利な2つ標本分布表の使い方について学んでいきます．

　この章を完成させると，以下のことが出来るようになっています．

● 母集団と標本を区別する．
● 標本分布を用いる．
● 二項確率表を用いて標本割合を予測する．

■2章　母集団と標本

● 正規確率表を用いて標本平均を予測する．

母集団と標本

母集団とは，ある特定のタイプについての考えられうる限りのすべての観測値です．標本とは，母集団のすべての可能な観測値が等しい確率で生じる方法で選ばれる，限られた個数の観測値です．統計学を用いることで，母集団がおそらく標本からの情報に基づくものと類似したものであると述べることが可能です．また標本が母集団についての情報に基づくものと類似したものであると述べることも可能です．

1 あるケースにおいては，標本についての情報を母集団についての情報につなげるために統計学的なテクニックを用います．また別のケースにおいては，逆に，ある標本について予想される特性についての結論を引き出すために，母集団についての情報を用います．たとえば，ある研究者が，特別な餌を与えたねずみの学習能力に関心があるとします（この研究者はこの餌と他の餌の効果を比較したいと思っています）．この特別な餌で育てることが出来る数の理論的な限界は明らかではありません．しかし現実的な理由で，50匹のねずみの学習能力を測定することにしました．この例で，50匹のねずみは，＿＿＿＿です．

答：標本

2 特別な餌を与えられる全てのねずみは，＿＿＿＿です．

答：母集団

3 研究者は，
(a) 母集団がおそらく類似したものであると述べるために，標本についての情報を用いている．
(b) 標本がおそらく類似したものであると述べるために，母集団についての情報を用いている．

答：(a)

4 物理的法則に基について，あるエンジニアは，ある与えられたタイプの部品の27個の内1つは欠陥があると判断しています．彼は，ある5個の束の中に欠陥のある部品が2つ以上見つかる確率を判断したいと思っています．この場合母集団は，＿＿＿＿＿です．

答：すべての部品

5 標本は＿＿＿＿＿です．

答：5個の束

6 エンジニアは，
(a) 母集団がおそらく類似したものであると述べるために，標本についての情報を用いている．
(b) 標本がおそらく類似したものであると述べるために，母集団についての情報を用いている．

■2章 母集団と標本

答：（b）

7 米国センサス局が，すべての米国居住者に年齢を尋ね，100人目ごとの居住者にその人の教育について追加的な情報を聞くとします．これらの観測値から得られる年齢の度数分布は，（標本の／母集団）分布です．

答：母集団

8 教育水準についての度数分布は，（標本の／母集団）分布です．

答：標本の

9 近くの4つのスーパーの中で，どこが一番安いかをつきとめるために，典型的な買い物リストを作り，4つのすべての店でそのリストの商品の価格をつけていきます．得ている数値が，標本か母集団かを判断するために，「観測値は完全な情報を伝えているか，あるいは，その他の観測値が似しているると仮定しているだけか」を考えなさい．これらの買い物リストは，標本を表わしていますか．母集団を表わしていますか．

答：標本．母集団は，それぞれの店における全ての価格です．異なる日，異なる買い物リストでも同じような結果が得られると仮定しています．

10 ある先生が，クラスの子供の年齢を知りたいと思っています．彼は，学校の記録からそれぞれの子供の年齢を調べています．得ている情報は，（標本／母集団）です．

答：母集団

母集団と標本

11 母集団を整理するために使われる数値は，母数あるいはパラメータ（parameter）と呼ばれます．標本の分布を記述するために用いられる同じような数値は統計量（statistic）と呼ばれます．もしあなたがアメリカの人口について研究しているならば，アメリカのすべての居住者の平均年齢は（母数／統計量）です．

答：母数

12 ナブラスカのとうもろこし畑における1エーカーあたりのてんとう虫の数の平均を推定したいと思っています．これを行うために，無作為に選ばれた多数の1エーカーごとのてんとう虫の数を数えます．標本の中の1エーカーあたりのてんとう虫の数の平均値は，ひとつの（母数／統計量）です．
＊1エーカー＝4,046.86m²

答：統計量

13 ネブラスカのとうもろこし畑における1エーカーあたりのてんとう虫の数の平均値は，（母数／統計量）です．

答：母数．すべてのネブラスカのとうもろこし畑の母集団を対象として記述しています．しかしもちろんすべての1エーカーあたりのすべてのてんとう虫を数える方法はありません．

14 標本の分布の平均値は_____です．

答：統計量

■2章　母集団と標本

15 母集団分布の平均値は_____です．

答：母数

16 母集団分布の標準偏差は_____です．

答：母数

17 標本の分布の標準偏差は_____です．

答：統計量

　すでに述べたように，標本はすべての可能な観測値が等しい確率で生じる方法で選ばなければなりません．しかしながら，この要求を満たすことは，しばしばとても困難です．いろいろな分野における研究者が，標本の無作為な選択を確信を持って行うために，専門的な方法を開発してきました．おそらくあなたの分野で受け入れられている標本抽出の方法を学び，使うことが安全でしょう．しかし標本の適切な選択は，統計学を利用するにあたって，最も困難な部分のひとつであることに留意すべきです．この本を通して作業をしていくと，これらの困難のいくつかを指摘しているのに気づくでしょう．これらの事柄をより深く理解するためには，実験計画について学習する必要があります．

標本分布

標本分布の考え方は，母集団から標本と標本から母集団への相互の理由付けを行うための能力の鍵となります．

18 標本分布の簡単な例を展開していきましょう．コインを1枚取り出しましょう．コインを投げた時に，表の出る回数の割合に興味があります．興味のある事象を「成功」と呼びましょう．コインを2回投げ，何回表が出るかを記録しなさい．
結果をここに書いて下さい．
　　　1回目のコイン投げ_____
　　　2回目のコイン投げ_____
あなたの2回のコイン投げの結果は，（母集団／標本）です．

答：標本

19 母集団は何ですか．

答：すべての可能なコイン投げの結果です．この場合，母集団は無限であることに注意しなさい．

20 あなたの標本をもう一度見てください．コインの表が出た関数の割合（p）は何ですか．

$$p = \frac{\text{成功（表）の回数}}{\text{コイン投げの回数}} = \underline{\qquad}$$

■2章　母集団と標本

答：もし表が2回出ていたら，$p=1.0$
　　もし表が1回出ていたら，$p=0.5$（あるいは1/2）
　　もし裏が2回出ていたら，$p=0.0$

p は，常に1.0から0.0の間でなければならないことに注意しましょう．

21 あなたが計算した p の値は，（母数／統計量）です．

答：統計量．標本を記述しています．母数と統計量を区別するために，全体の母集団の割合をあらわすために大文字の P を，標本の割合をあらわすために小文字の p を用います．

22 コイン投げのあなたの一般的な実験について考えましょう．もし母集団にとって同じような計算を行うことが出来るならば，P の値は何ですか．
　　$P=$

答：$P=0.5$．いんちきなコインを使っていないとするならば，コインは，表が半分，裏が半分出るはずです．

23 2回のコイン投げのサンプルをもうひとつ作り，p を計算しなさい．
　　$p=$

答：もし表が2回出ていたら，$p=1.0$
　　もし表が1回出ていたら，$p=0.5$（あるいは1/2）
　　もし裏が2回出ていたら，$p=0.0$

24 さらに3つ標本を作りなさい．2回のコイン投げのサンプルを思い出して

下さい．今，2回のコイン投げの標本を5つ持っています．あなたのサンプリングの結果を以下に整理しなさい．

標本	p
1	
2	
3	
4	
5	

統計量 p は常に0.5に等しいでしょうか．

答：いいえ．実際に，5つの標本すべてが0.5であることは稀です．

25 もし2つ一組の標本を数多く得るためにコインを投げ続けていき，それぞれの標本から得られる p の値を平均していくと，p の値の平均はいくつになると思いますか．

答：p の平均の値は，ほぼ0.5になるでしょう．

26 たくさんの標本から得られる統計量 p の値についての度数分布を作成できますか．

答：はい．

27 5つの異なる標本から得られる p の値についての度数分布グラフを描きなさい．

■2章 母集団と標本

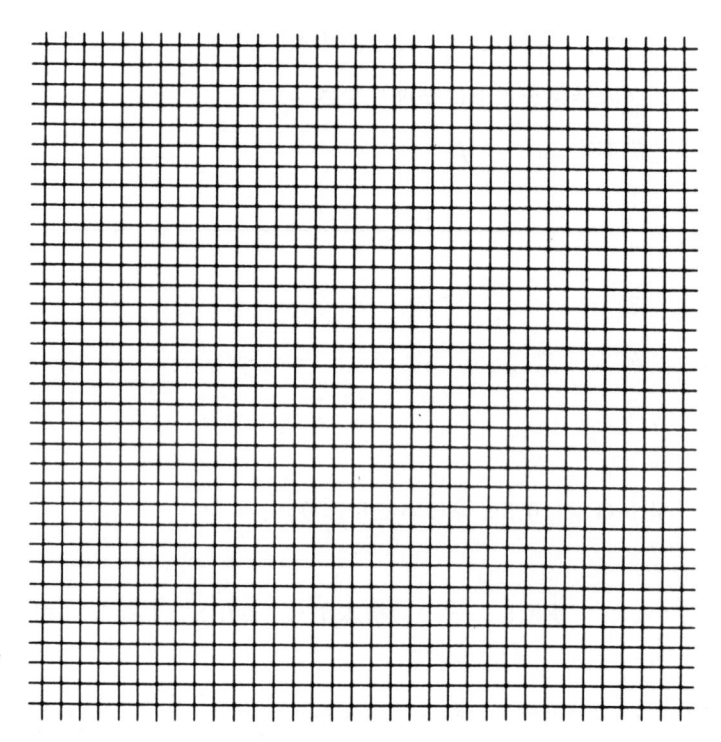

図2-1
pの度数分布グラフ
を描きなさい

答：あなたの度数分布は，以下のグラフのようになっているはずです．最頻値は0.5となるはずですが，そうなっている必要はありません．

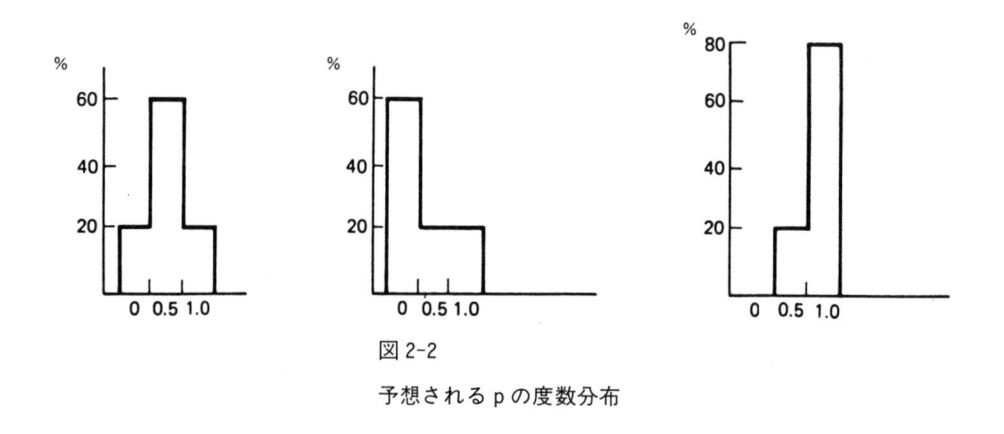

図2-2
予想されるpの度数分布

標本分布

28 もし2回のコイン投げの標本を限りなく取り続けると，pの度数分布が，どのようになるのかを数学的に推測することが出来ます．2回のコイン投げのすべての起こりうる結果のリストをとり，それぞれの結果がどの程度尤もらしいかを測定していくことによって行います．まず第1回目のコイン投げを考えます．予想される2つの結果は何ですか．

答：表あるいは裏

29 どちらかの起こり得る結果がもう一方よりも起こりやすいですか．

答：いいえ．

30 2回目のコイン投げの起こり得る結果を考えます．結果は何ですか．

答：今回も，裏と表です．

31 1回目のコイン投げの結果は，2回目のコイン投げの結果に何か影響を与えるでしょうか．

答：いいえ．

32 2回目のコイン投げの起こり得る結果において，どちらかの起こり得る結果はもう一方よりも起こりやすいですか．

答：いいえ．

33 以下の表のように，2回のコイン投げの起こり得る結果を整理することが

■2章 母集団と標本

出来ます．

1回目のコイン投げ	2回目のコイン投げ
表	表
	裏
裏	表
	裏

表に見られるように2回のコイン投げには，4つの可能性があるのが分かります．

(a) 1回目が表で2回目が表
(b) ＿＿＿＿＿＿＿＿＿＿
(c) ＿＿＿＿＿＿＿＿＿＿
(d) ＿＿＿＿＿＿＿＿＿＿

答：(b) 1回目が表で2回目が裏
　　(c) 1回目が裏で2回目が表
　　(d) 1回目が裏で2回目が裏

34 これらの結果は，その他の結果よりもより起こりやすいですか．

答：いいえ．4つのそれぞれの結果は，等しく尤もらしい．

35 2回のコイン投げの起こり得る結果は，
(a) 表　　表　＿＿＿
(b) 表　　裏　＿＿＿

(c) 裏　　表　____
(d) 裏　　裏　____

それぞれの結果に続いて対応する統計量 p の値を書きなさい．

　　p＝成功の回数／コイン投げの回数

　　（つまり，表／コイン投げの数）

答：(a)　$p=1.0$
　　(b)　$p=0.5$
　　(c)　$p=0.5$
　　(d)　$p=0.0$

36 この数学的な分析にもとづく統計量 p についての度数分布を描きなさい．

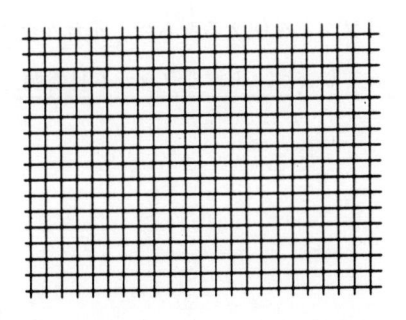

図 2-3
p の理論的度数分布を描きなさい

答：あなたの分布は次のようになっているはずです．

■2章 母集団と標本

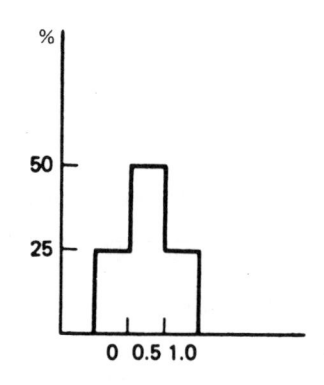

図 2-4
pの理論的度数分布

37 2つの標本を取り出し，統計量pを計算し続けていくと，pの度数分布が導出した理論分布にだんだんと一致するように近づいていきます．もしそのようになっていくような気がするならば，2回のコイン投げについてさらに15の標本をとり，pの値を計算しなさい．下のグラフの濃線で示される理論分布とpの20個の値による実現した分布を比べなさい．（もし表計算ソフトを使えるならば，それを使って度数分布を作成する良い練習の機会になるでしょう．1章のフレーム11参照．）

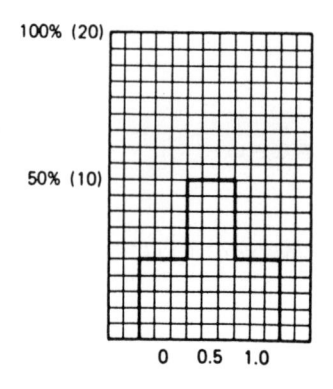

図 2-5
pについての実現した分布と
理論的度数分布

38 ある統計量の分布は，標本分布と呼ばれます．あなたが作業してきたpの分布は＿＿＿＿＿分布です．

標本分布

答：標本

39 下の分布を見てください．(a, b, c)

標本分布はどれですか．＿＿＿＿

標本の分布はどれですか．＿＿＿＿

母集団分布はどれですか．＿＿＿＿

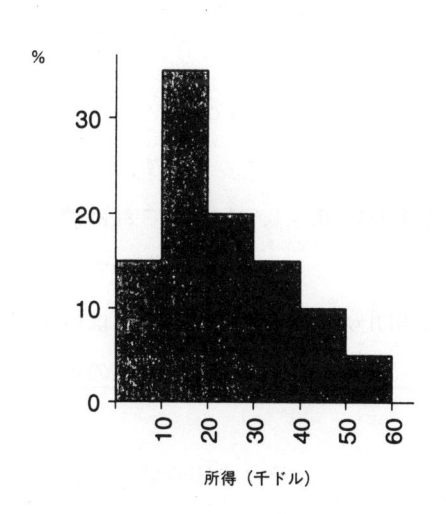

図 2-6a

1000家計の無作為標本の所得の分布

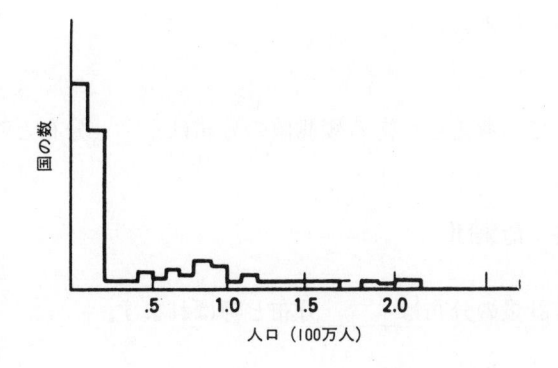

図 2-6b

1990年のセンサスデータによる
国全体の人口の分布

■2章 母集団と標本

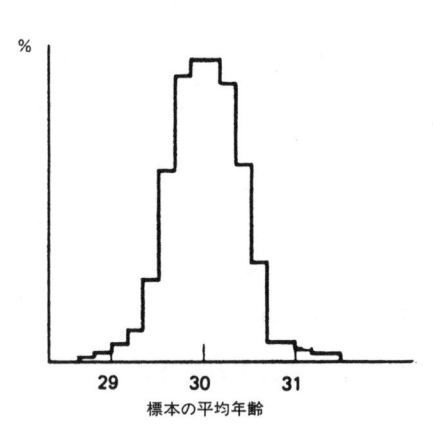

図2-6c
平均年齢30歳の母集団から取り出した，1000の標本の中の20人ごとの平均年齢の分布

答：標本分布　　　（c）これは統計量（1000標本の平均年齢）の分布です．

　　標本の分布　　（a）これは標本（無作為の1000家計）の観測値の分布です．

　　母集団分布　　（b）これは母集団（アメリカすべての）におけるすべての可能な観測値の分布です．

40 標本におけるそれぞれの観測値の分布は，＿＿＿＿分布と呼ばれます．

答：標本の

41 全ての考えられ得る観測値の分布は＿＿＿＿分布と呼ばれます．

答：母集団

42 統計量の分布は＿＿＿＿分布と呼ばれます．

答：標本

標本分布

43 国立ヘルスクラブの20,000人の会員の体重の中央値は，175ポンドです．いま無作為に選ばれた3人の会員の体重がすべて175ポンド以上である確率はいくらかを知りたい．これを求めるために，コイン投げの問題を分析するために使ったのと同じような方法を使うことが出来ます．最初に，扱っている母集団（クラブの会員）において，175ポンド以上の体重の割合はどの程度ですか．

＊　1ポンド＝約453g

$$P = \underline{\qquad}$$

答：0.5．中央値は分布の中で半分の測定値がその値よりも大きく，半分が小さくなる値であることを思い出しましょう．

$$P = \frac{10,000}{20,000} = 0.5$$

44 この母集団から取り出される3つの標本についての理論的標本分布を作成するために，この情報を用いることができます．無作為に選ぶ1番目の会員の起こりうる結果は何ですか．

答：175ポンド以上
　　175ポンド未満

45 どちらか一方は他方よりもより起こりやすいですか．

答：いいえ．

46 もし母集団が大きければ，最初の選択は次の選択になにか影響を与えますか．

■2章 母集団と標本

答：いいえ．

47 無作為に選ばれる3人の会員のすべての可能な結果を見るために，フレーム33と同じような表を描きなさい．

第1選択　　　　　第2選択　　　　　第3選択
_____

答：
第1選択　　　　　第2選択　　　　　第3選択

175以上	175以上	175以上
		175未満
	175未満	175以上
		175未満
175未満	175以上	175以上
		175未満
	175未満	175以上
		175未満

48 表をもちいて，3つの選択のすべての可能な結果を挙げ，そのぞれの結果ごとに体重が175ポンド以上の割合を計算しなさい．つまり「成功」の数

を数え，試行回数で割ります．(注意：以上には，175ポンドとそれを超える数値が含まれます．)

	結果			p
(a)	以上	以上	以上	
(b)	以上	以上	未満	
(c)	以上	未満	以上	
(d)	以上	未満	未満	
(e)	未満	以上	以上	
(f)	未満	以上	未満	
(g)	未満	未満	以上	
(h)	未満	未満	未満	

答：

	結果			p		
(a)	以上	以上	以上	3/3	または	1.00
(b)	以上	以上	未満	2/3	または	0.67
(c)	以上	未満	以上	2/3	または	0.67
(d)	以上	未満	未満	1/3	または	0.33
(e)	未満	以上	以上	2/3	または	0.67
(f)	未満	以上	未満	1/3	または	0.33
(g)	未満	未満	以上	1/3	または	0.33
(h)	未満	未満	未満	0/3	または	0.00

■2章 母集団と標本

49 これらの条件の下でpの標本分布を描きなさい．

答：

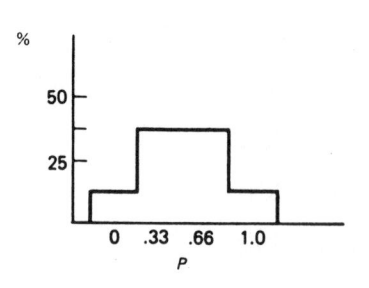

図2-7
pの標本分布

50 今，3人の会員のサンプルをとり，3人すべての体重が175ポンドであることがどの程度の割合で起こるかに関心があります．この状況に対応した統計量pの値はいくつですか．

答：$p=1.0$

51 あなたのpの標本分布を見てください．得られたpが1.0となるのは何％であると期待されますか．

答：12.5パーセント

二項確率分布

二項確率分布は，多くの可能なPの値と標本の大きさについての統計量

二項確率分布

p の標本分布を記述しています.

52 コイン投げと体重の問題で応用してきた同じような理由付けを用いることで,様々な標本数だけでなく,P が0.5以外のケースにおいても p の標本分布を作成することができます.たとえば,ある大きな母集団において4人に1人は,大卒であるとします.この場合 P の値は何ですか.

答:$P=0.25$ あるいは $1/4$

53

							P							
n	x	0.050	0.100	0.200	0.25	0.300	0.400	0.500	0.600	0.700	0.750	0.800	0.900	0.950
2	0	0.902	0.810	0.640	0.563	0.490	0.360	0.250	0.160	0.090	0.063	0.040	0.010	0.002
	1	0.095	0.180	0.320	0.375	0.420	0.480	0.500	0.480	0.420	0.375	0.320	0.180	0.095
	2	0.002	0.010	0.040	0.063	0.090	0.160	0.250	0.360	0.490	0.563	0.640	0.810	0.902
3	0	0.857	0.729	0.512	0.422	0.343	0.216	0.125	0.064	0.027	0.016	0.008	0.001	0.000
	1	0.135	0.243	0.384	0.422	0.441	0.432	0.375	0.288	0.189	0.141	0.096	0.027	0.007
	2	0.007	0.027	0.096	0.141	0.189	0.288	0.375	0.432	0.441	0.422	0.384	0.243	0.135
	3	0.000	0.001	0.008	0.016	0.027	0.064	0.125	0.216	0.343	0.422	0.512	0.729	0.857
4	0	0.815	0.656	0.410	0.316	0.240	0.130	0.062	0.026	0.008	0.004	0.002	0.000	0.000
	1	0.171	0.292	0.410	0.422	0.412	0.346	0.250	0.154	0.076	0.047	0.026	0.004	0.000
	2	0.014	0.049	0.154	0.211	0.265	0.346	0.375	0.346	0.265	0.211	0.154	0.049	0.014
	3	0.000	0.004	0.026	0.047	0.076	0.154	0.250	0.346	0.412	0.422	0.410	0.292	0.171
	4	0.000	0.000	0.002	0.004	0.008	0.026	0.062	0.130	0.240	0.316	0.410	0.656	0.815
5	0	0.774	0.590	0.328	0.237	0.168	0.078	0.031	0.010	0.002	0.001	0.000	0.000	0.000
	1	0.204	0.328	0.410	0.396	0.360	0.259	0.156	0.077	0.028	0.015	0.006	0.000	0.000
	2	0.021	0.073	0.205	0.264	0.309	0.346	0.312	0.230	0.132	0.088	0.051	0.008	0.001
	3	0.001	0.008	0.051	0.088	0.132	0.230	0.312	0.346	0.309	0.274	0.205	0.073	0.021
	4	0.000		0.006	0.015	0.028	0.077	0.156	0.259	0.360	0.396	0.410	0.328	0.204
	5								0.078			0.237	0.328	0.590	0.774

図 2-8

二項確率表

これらの標本分布は,二項確率(binomial probability)表と呼ばれる表に

■2章 母集団と標本

載っているのを見ることができます．（次のセクションで見ていくように，表計算ソフトは，これらの確率の計算も行うことができます．しかしまず，表を用いて計算過程を理解することからはじめます．）そのような表から少し引用したものが上の表です．表を用いるためには，Pの値と標本の大きさがいくつかをわかっていなければなりません．標本の大きさをあらわす記号には，通常nが使われます．標本分布は，統計量pの値というよりも「成功」の数によって与えられます．たとえば，コイン投げのケースにおいて，Pは0.5であり，標本の大きさnは2でした．これに対する適切な標本分布は，表の中のまるで囲まれたところです．「成功」の回数，つまりコインの表が出る回数は，xで表されます．表の丸で囲まれた割合に従えば，2つの標本においてどの程度の頻度で2回成功しますか．

答：0.25．つまり25％．

54 体重の問題において，Pは何でしたか．もし問題を思い出せないときには，フレーム43をもう一度見てください．

答：$P = 0.5$

55 nは何ですか．

答：$n = 3$（nは標本の数）

56 フレーム53の表の中の対応する標本分布に丸をつけなさい．

答：

								P						
n	x	0.050	0.100	0.200	0.250	0.300	0.400	0.500	0.600	0.700	0.750	0.800	0.900	0.950
2	0	0.902	0.810	0.640	0.563	0.490	0.360	0.250	0.160	0.090	0.063	0.040	0.010	0.002
	1	0.095	0.180	0.320	0.375	0.420	0.480	0.500	0.480	0.420	0.375	0.320	0.180	0.095
	2	0.002	0.010	0.040	0.063	0.090	0.160	0.250	0.360	0.490	0.563	0.640	0.810	0.902
3	0	0.857	0.729	0.512	0.422	0.343	0.216	0.125	0.064	0.027	0.016	0.008	0.001	0.000
	1	0.135	0.243	0.384	0.422	0.441	0.432	0.375	0.288	0.189	0.141	0.096	0.027	0.007
	2	0.007	0.027	0.096	0.141	0.189	0.288	0.375	0.432	0.441	0.422	0.384	0.243	0.135
	3	0.000	0.001	0.008	0.016	0.027	0.064	0.125	0.216	0.343	0.422	0.512	0.729	0.857
4	0	0.815	0.656	0.410	0.316	0.240	0.130	0.062	0.026	0.008	0.004	0.002	0.000	0.000
	1	0.171	0.292	0.410	0.422	0.412	0.346	0.250	0.154	0.076	0.047	0.026	0.004	0.000
	2	0.014	0.049	0.154	0.211	0.265	0.346	0.375	0.346	0.265	0.211	0.154	0.049	0.014
	3	0.000	0.004	0.026	0.047	0.076	0.154	0.250	0.346	0.412	0.422	0.410	0.292	0.171
	4	0.000	0.000	0.002	0.004	0.008	0.026	0.062	0.130	0.240	0.316	0.410	0.656	0.815
5	0	0.000	0.390	0.390	0.237	0.168	0.078	0.031	0.010	0.007	0.001			
			0.008	0.000	0.000									

図 2-9

二項確率表

57 すべての医者の母集団において，10人に9人はポッター製薬を勧めることがわかっています。これが正しい時に，無作為に2人の医者を選び，2人ともがポッター製薬を勧めない確率を知りたいと思っています．この場合，P と n はそれぞれいくつですか．

答：$P = 0.9$ (9/10)
　　$n = 2.0$

58 2人ともの医者がポッター製薬を勧めないケースに対応する x の値は何ですか．(ポッター製薬を勧める医者を「成功」とする．)

答：$x = 0$

59 どちらの医者もポッター製薬を勧めないことは，どの程度起こり得ますか．

■2章　母集団と標本

答を得るために，フレーム53の表を用いなさい．

答：この事象の確率は0.01です．つまり1%の割合で起きるでしょう．

[60] 問題を少し複雑にしてみましょう．無作為に4人の医者を選び，多くて2人がポッター製薬を勧める確率を知りたいとします．答を導くために，かれらの誰もが勧めないケース（「成功」ゼロ），1人だけポッター製薬を勧め3人が勧めないケース（「成功」1），2人がポッター製薬を勧め2人が勧めないケース（「成功」2）を数えなければなりません．標本分布から，これらのケースのそれぞれの確率を求め，これらのケースのそれぞれの確率を足していきます．この問題において P と n はそれぞれ何ですか．これらの3つの状況の1つが存在する確率はどの程度ですか．

答：$P=0.9$, $n=4$. x が2以下となる確率は，0.053です．この答を求めるには，関心のある3つの状況の確率を足さなければなりません．$x=0$ となる確率は，小さすぎて表に入っていません．$x=1$ となる確率は0.004で，$x=2$ となる確率は，0.049です．

[61] 標本分布において，すべての確率の合計は常に1.0です．もしポッター製薬を推薦する人が0人，1人，あるいは2人の確率が0.053ならば，推薦する人が3人あるいは4人となる確率はどの程度ですか．

答：0.947（=1.000−0.053）

[62] 合衆国の人口の5%は，ある特定の遺伝的特徴を持っています．15人の無作為抽出による標本において，この特徴を持つ人が少なくとも1人見つかる可能性を知りたいと思っています．巻末の表IIIを用いなさい．

答：$p=0.05$，$n=15$．この確率は，0.537つまり約54％です．答を求める
もっとも簡単な方法は $x=0$ の確率を求めることです．つまり，その
標本の中にその特徴を持った人がいない確率を求めることです．その
特徴を誰も持っていない確率は0.463です．それゆえ少なくとも1人
は，その特徴を持っている確率は$1.000-0.463=0.537$です．

あるいは，$x=1$，$x=2$，$x=3$ となる確率を足し合わせていきます．これ
らの確率の合計は，二項確率表（図2-8）を用いると，0.538です．表の
エントリーは，四捨五入されているので，この様にたまにささいな乖離が
生じます．

63 二項確率表を用いる時には，重要な仮定を置いています．標本の中の観測
値が無作為かつ独立であるとの仮定です．つまり，母集団におけるすべて
の観測値は，標本を取り出す過程のどの段階においても選ばれる可能性は
等しいとの仮定です．3人の男性と3人の女性からなる6人の母集団から
3人を抽出していきます．あなたは，1度に1人を選びます．最初の抽出
で，1人の男性を選んでいます．これは，二回目の抽出で男性を選ぶ可能
性に影響しますか．

答：はい．残った母集団においてかなり男性の数が少なくなっています．
1回目の抽出では $P=3/6=0.5$ で2回目の抽出では $P=2/5=0.4$ で
す．

64 赤が3つ青が3つの6つのビー玉が入ったビンを持っています．無作為に
1つ取り出したとき，それは青でした．この観測結果を記録し，そのビー
玉をビンに戻します．最初の観測値は2回目の試行で青のビー玉を選ぶ可
能性に影響しますか．

■2章　母集団と標本

答：いいえ．青のビー玉を戻したので，母集団は変わりません．

65 ビー玉の問題を分析するのに，2項確率表を用いることができますか．

答：はい．観測値は独立なので，1つの観測値は，その他の確率に影響しません．

66 フレーム63の問題を分析するために，2項確率表を使うことができますか．

答：いいえ．観測値は独立ではありません．

この問題を取り扱う手順がありますが，これはこの本の対象外です．

67 経験的に，もし母集団が少なくとも標本の20倍の大きさならば，標本の中に1つの標本を2回含めることができない影響を無視することができます．もし500の母集団から6の標本を選ぶならば，2項確率表を用いることができますか．

答：はい．

68 もし75の母集団から6の標本を選ぶならば，2項確率表を用いることができますか．

答：いいえ．

69 10人に9人の医者がポッター製薬を勧めるならば，無作為に選ばれた2人の医者が勧めない確率は0.01であることを思い出してください．近くの医

大に行って，最初に会った2人の医者にポッター製薬を勧めるかどうかを聞きます．母集団のすべての人は，選ばれる可能性は等しいでしょうか．

答：いいえ．その医大に関係する医者を選ぶ可能性が，その他の医者を選ぶ可能性よりも大きくなっています．

70 2人の答が「いいえ」である確率は0.010であると言えますか．

答：いいえ．

71 2項確率表を用いる時に置く仮定は何ですか．

答：母集団のすべての要素は，標本抽出の手順のどの時点においても選ばれる可能性が等しい．

表計算ソフトによる二項確率

もしあなたが表計算ソフトを使っているならば，2項確率を探すために表を参照する必要はありません．表計算ソフトは，2項確率を計算する関数を備えています．

■2章 母集団と標本

Microsoft Excel	Lotus 1-2-3
=BINOMDIST(x, n, P, type)	@binomial(n, x, P, type)
Type FALSE：ちょうど x 回成功	Type 0：ちょうど x 回成功
Type TRUE：多くて x 回成功	Type 1：多くて x 回成功
	Type 2：少なくとも x 回成功

これらの公式は，type を選択する必要があることに注意しましょう．ちょうど x 回成功する確率を返すよう表計算に指定する，あるいは確率を足し合わせ，多くて x 回成功する確率を返すように指定します．（あるいは，Lotus 1-2-3 においては少なくとも x 回成功）

72 たとえば，10人に9人の医者がポッターの薬を勧める時に，4試行の標本のうち，ちょうど2人がポッターの薬を勧める確率を求めたいならば，$x=2$，$n=4$，$P=0.9$ となります．
あなたのプログラムで適切な確率の値を計算するように表計算シートのセルに入力する公式を書きなさい．（あなたの使っている表計算ソフトで答えなさい）

答：もし Microsoft Excel を使っているならば，=BINOMDIST(2,4,0.9,FALSE) です．
もし Lotus 1-2-3 を使っているならば，@binomial(4,2,0.9,0) です．

73 もし4回のうち，多くて2人が勧める確率（0か1か2の成功確率）を知りたいならば，累積計算を用いることで累積確率を足しあわせていく作業を表計算シートにさせることが出来ます．
多くて2回成功する確率を足しあわせるプログラムをあなたの表計算シ

ートのセルに入力する公式を書きなさい．（あなたの使っている表計算ソフトで質問に答えなさい．）_____

答：もし Microsoft Excel を使っているならば，＝BINOMDIST(2,4,0.9,TRUE) です．
　　もし Lotus 1-2-3 を使っているならば，@binomial(4,2,0.9,1) です．

74 赤と青のビー玉が同じ数だけ混ざって入っている大きなビンがあります．
　　統計的実験として，ビンからビー玉を取り出し始めます．それぞれの試行ごとにビンからビー玉を取り出し，表計算シートに，もしビー玉が赤ならば1を，青ならば0を入力し，結果を記録していきます．ビー玉はビンに戻してから，再び取り出します．
　　セル B75 には，ビンからビー玉を取り出した回数のカウントが入っています．セル B76 には，取り出した赤のビー玉の数が入っています．この結果の精密な確率を判断したいと思っています．この確率を計算する為にあなたの表計算シートのセルに入力する公式を書きなさい．（あなたの使っている表計算ソフトで質問に答えなさい．）_____

答：もし Microsoft Excel を使っているならば，＝BINOMDIST(B76,B75,0.5,FALSE) です．
　　もし Lotus 1-2-3 を使っているならば，@binomial(B75,B76,0.5,0) です．

■2章 母集団と標本

正規分布

他にも多くの標本分布を数学的に推論する事が可能です．この本は，これらの標本分布を推論を含めた数学的理由を解説しようとするものではありません．むしろ，どのように，なぜ標本分布は母集団と標本についての結論を導くのに役立つかに注目しています．

75 最も便利な標本分布の1つは，大きな標本の観測値の平均値の分布です．この分布は正規分布と呼ばれます．説明の前に用いる記号を復習しましょう．

μ は，（標本／母集団）の_____のための記号です．
σ は，（標本／母集団）の_____のための記号です．

答：母集団の平均値
　　母集団の標準偏差

76 n は何をあらわしますか．

答：標本の大きさ

77 μ は（母数／統計量）です．

答：母数

78 標本平均は（母数／統計量）です．

答：統計量

79 標本平均は，$\bar{x}$ であらわします．たとえば，もしアメリカにおける全ての女性の平均身長は5フィート5インチであり，10人の女性の平均身長が5フィート9インチであるならば，

$\mu=$ _____
$\bar{x}=$ _____

答：$\mu=$ 5フィート5インチ
　　$\bar{x}=$ 5フィート9インチ

80 もし大きな標本を取り，それぞれの標本ごとの $\bar{x}$ を計算すると，$\bar{x}$ に対する平均値と標準偏差を計算することができます．これらの値をそれぞれ $\mu_{\bar{x}}$ と $\sigma_{\bar{x}}$ であらわします．以下の表を完成させなさい．

	標本	平均値の標本分布	母集団
平均値			μ
標準偏差	s		

＊s については，3章で学習します．

■2章 母集団と標本

答：

	標本	平均値の標本分布	母集団
平均値	$\bar{x}$	$\mu_{\bar{x}}$	μ
標準偏差	s	$\sigma_{\bar{x}}$	σ

81

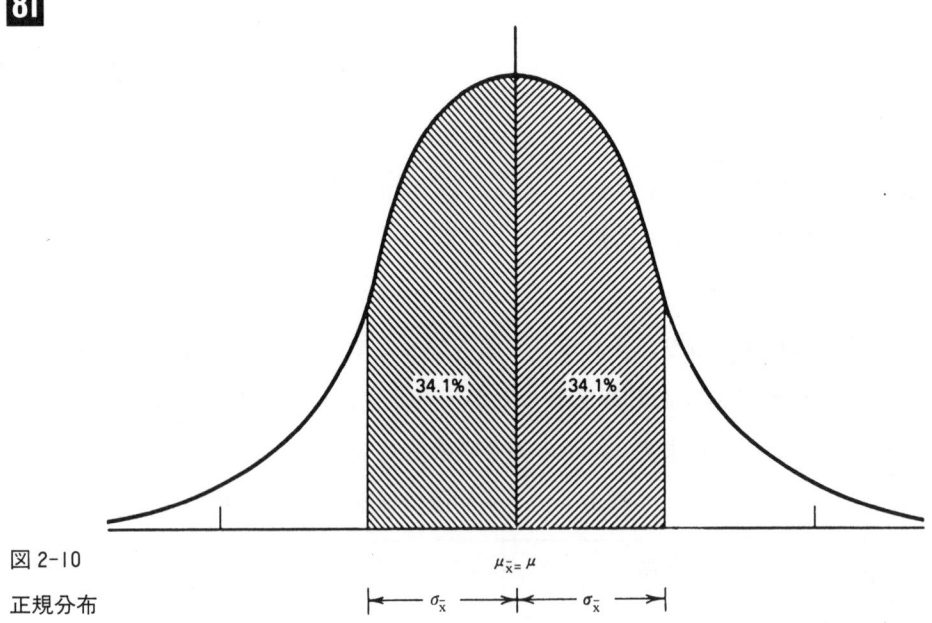

図2-10
正規分布

中心極限定理に従えば，$\bar{x}$ の標本分布は上に見られるような正規分布の形状を持っていきます．この時

$$\mu_{\bar{x}} = \mu \quad \sigma_{\bar{x}} = \frac{\sigma}{\sqrt{n}}$$

(もし正規分布のカーブを作り出す数学的公式を知りたい，あるいは $\bar{x}$ の標本分布をあらわす証明を見たい時には，上級の統計学の教科書を調べてください．)

標本の大きさ n が30程度以上の時には，標本分布はほぼ正確に上のイラ

正規分布

ストのような形に近づきます．平均年齢が40才で，6年の標準偏差を持つ母集団から36人の標本を巨大な数取り出したとします．標本分布の平均値はいくつになりますか．

$$\mu_{\bar{x}} = \underline{\qquad} = \underline{\qquad}$$

答：$\mu_{\bar{x}} = \mu = 40$

82 標本分布の標準偏差はいくつですか．

$$\sigma_{\bar{x}} = \underline{\qquad} = \underline{\qquad}$$

答：$\sigma_{\bar{x}} = \dfrac{\sigma}{\sqrt{n}} = \dfrac{6}{\sqrt{36}} = 1$

83 イラストに従えば，ある標本の平均値が40と41の間に存在するのは，何パーセントであると期待されますか．

答：34.1パーセント

84 ある標本の平均値が39と41の間に存在するのは，何パーセントであると期待されますか．

答：68.2パーセント

■2章 母集団と標本

85

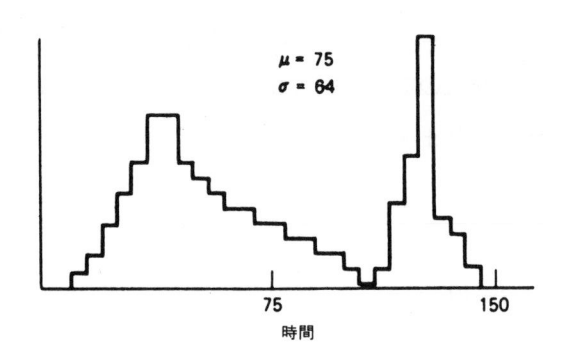

図 2-11
6000の母集団の解答時間

$\mu = 75$
$\sigma = 64$

中心極限定理に従えば，$\bar{x}$ の標本分布の形状は，母集団の分布の形状にかかわらず，正規曲線です．上のイラストは，6000人についてのあるパズルを解く時間についての母集団分布を示しています．それぞれ49人の標本が多数抽出され，それぞれの標本についての $\bar{x}$ が計算されます．以下の (a)，(b)，(c) のイラストの中で，どれが $\bar{x}$ の標本分布に最も似ているでしょうか．

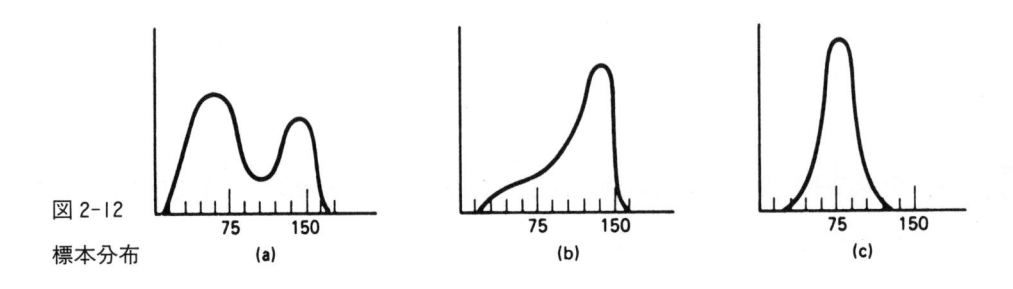

図 2-12
標本分布　　(a)　　　　　(b)　　　　　(c)

答：(c)．たとえ母集団あるいは標本の分布がどのような形でも，統計量 $\bar{x}$ の標本分布は，常にこのような釣り鐘型をしています．

86 以下の公式を思い出しましょう．

$$\sigma_{\bar{x}} = \frac{\sigma}{\sqrt{n}}$$

標本分布の平均値はいくつになりますか．標準偏差はいくつですか．

答：$\mu_{\bar{x}} = \mu = 75$

$\sigma_{\bar{x}} = \dfrac{\sigma}{\sqrt{n}} = \dfrac{64}{7} = 9.14$

87 $\bar{x}$ の標本分布の形状は，正規分布と呼ばれます．この正規分布においては，観測値の34.1%が常に $\mu_{\bar{x}}$ と $\mu_{\bar{x}} + \sigma_{\bar{x}}$ の間に入り，34.1%が $\mu_{\bar{x}}$ と $\mu_{\bar{x}} - \sigma_{\bar{x}}$ の間に入り，47.7%が，$\mu_{\bar{x}}$ と $\mu_{\bar{x}} + 2\sigma_{\bar{x}}$ の間に入り，……となります．この分布の精密な形状は，2つのパラメータ（母数）____と____によって十分に定義されます．

答：$\mu_{\bar{x}}$ と $\sigma_{\bar{x}}$

88 もしある観測値が平均値から標準偏差で何個分離れているかが分かれば，無作為抽出においてどの程度起こり得るかがわかります．このためには測定値を z スコアに変換すると便利です．z スコアはある測定値が平均値から離れている標準偏差の数です．たとえば，平均値よりも標準偏差1個分上回るスコアは，+1という z スコアとなります．平均値よりも標準偏差1.5個分下回るスコアは，-1.5 という z スコアになります．

　もしある分布の平均が15で標準偏差が2ならば，19の素点に対応する z スコアは何ですか．14の素点に対応する z スコアは何ですか．

答：$z = +2$．つまり平均値を標準偏差2個分上回っています．
　　$z = -0.5$．つまり平均値を標準偏差0.5個分下回っています．

89 いかなる測定値も z スコアに変換する公式は以下です．

■2章 母集団と標本

$$z = \frac{\bar{x} - \mu}{\sigma_{\bar{x}}}$$

もし $\mu = 15$ で $\sigma_{\bar{x}} = 2$ ならば，20の素点に対応する z スコアは，何ですか．

答：$z = \dfrac{20 - 25}{2} = 2.5$

90 正規度数分布の確率を与える表は，通常「正規曲線の下の面積」とタイトル付けされており，z スコアで構成されています．もし既知の母集団からある特定の $\bar{x}$ の確率を知りたければ，最初に＿＿＿＿を計算しなければなりません．

答：z スコア

91 表の中の数値は，全体の曲線の中で $z = 0$ と正の z の値の間に存在する割合です．負の z の値については，対称に得ることが出来ます．

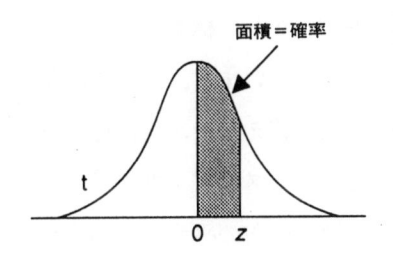

正規分布

z	.00	.01	.02	.03	.04	.05	.06	.07	.08	.09
0.0	.0000	.0040	.0080	.0120	.0160	.0199	.0239	.0279	.0319	.0359
0.1	.0398	.0438	.0478	.0517	.0557	.0596	.0636	.0675	.0714	.0753
0.2	.0793	.0832	.0871	.1910	.0948	.0987	.1026	.1064	.1103	.1141
0.3	.1179	.1217	.1255	.1293	.1331	.1368	.1406	.1443	.1480	.1517
0.4	.1554	.1591	.1628	.1664	.1700	.1736	.1772	.1808	.1844	.1879
0.5	.1915	.1950	.1985	.2019	.2054	.2088	.2123	.2157	.2190	.2224
0.6	.2257	.2291	.2324	.2357	.2389	.2422	.2454	.2486	.2517	.2549
0.7	.2580	.2611	.2642	.2673	.2703	.2734	.2764	.2794	.2823	.2852
0.8	.2881	.2910	.2939	.2967	.2995	.3023	.3051	.3078	.3106	.3133
0.9	.3159	.3186	.3212	.3238	.3264	.3289	.3315	.3340	.3365	.3389
1.0	.3413	.3438	.3461	.3485	.3508	.3531	.3554	.3577	.3599	.3621
1.1	.3643	.3665	.3686	.3708	.3729	.3749	.3770	.3790	.3810	.3830
1.2	.3849	.3869	.3888	.3907	.3925	.3944	.3962	.3980	.3997	.4015
1.3	.4032	.4049	.4066	.4082	.4099	.4115	.4131	.4147	.4162	.4177
1.4	.4192	.4207	.4222	.4236	.4251	.4265	.4279	.4292	.4306	.4319
1.5	.4332	.4245	.4357	.4370		.4394	.4406		.4429	.4441

図2-13

正規曲線の下の面積

正規曲線の下の面積の表は，μ と $\mu+z$ の間に存在する標本平均の確率を与えてくれます。たとえば，もし μ と $\mu+1.0\sigma$ の間に標本平均が存在する確率を知りたければ，表の中の $z=1.00$ を見ればよく，この場合の確率は，0.3413です。μ と $\mu+1.5\sigma$ の間に標本平均が存在する確率は何ですか．

答：0.4332

■2章 母集団と標本

92 平均値が20，標準偏差が4の母集団があります．無作為に64の標本を選ぼうとしています．標本平均が20と21の間に存在する確率は何ですか．この質問に答えるために，標本分布の平均値と標準偏差を求め，それらを用いて21を z スコアに変換します．

標本分布の平均値はいくつですか．標本分布の標準偏差はいくつですか．21に対応する z スコアは何ですか．

答：$\mu_{\bar{x}} = 20$

$$\sigma_{\bar{x}} = \frac{\sigma}{\sqrt{n}} = \frac{4}{64} = 0.5$$

$$z = \frac{21 - \mu}{0.5} = \frac{1}{0.5} = 2.0$$

93 巻末の表Ⅳを用いて上の母集団について，標本平均が20から21の間に存在する確率を求めなさい．

答：0.4772

94 質問に答えるために，表の中であなたが求める値を足したり引いたりしなければならないことがよくあります．たとえば，19から21に標本平均が存在する確率を求めるためには，$\bar{x}$ が20から21に存在する確率と，$\bar{x}$ が20から19に存在する確率とに分けなければなりません，答は_____です．

答：0.9544（＝0.4772＋0.4772）

95 標本分布のすべての確率の合計は，常に1.0000であると覚えていると役立ちます．もし19から21に標本平均値の存在する確率が0.9544ならば（95

％），19から21の間に標本平均の存在しない（19未満あるいは21よりも大きい）確率はいくらですか．

答：0.0456（＝1.0000－0.9544）．つまり約5％．

96 平均値の片側の全体の確率の合計は0.5000です．それゆえ，それぞれの標本平均のうち半分は標本分布の平均値の上側にあります．上の母集団において，標本平均が21以上となる確率はいくらですか．

答：0.0228（＝0.5000－0.4772）

97 公式を参照してください．

$$\mu_{\bar{x}} = \mu$$

$$\sigma_{\bar{x}} = \frac{\sigma}{\sqrt{n}}$$

$$z = \frac{\bar{x} - \mu}{\sigma_{\bar{x}}}$$

ある国際航空会社は貿易用の急行積荷の平均重量を28.5kgで標準偏差を5 kgと判断しています．もし100の積荷の無作為標本を取り出すと，どの程度の確率で標本平均が30kgを超えると期待されますか．

答：母集団分布

$$\mu = 28.5$$
$$\sigma = 5.0$$

標本分布

$$\mu_{\bar{x}} = 28.5$$
$$\sigma_{\bar{x}} = \frac{5}{\sqrt{100}} = 0.5$$

■ 2章　母集団と標本

30kg に対応する z スコア
$$z = \frac{30 - 28.5}{0.5} = 3.0$$

$\bar{x}$ が28.5から30の間に存在する確率：
(巻末の表IVより) 0.4987

$\bar{x}$ が30を超える確率：
0.0013 (＝0.5000－0.4987). つまり1000回に約1回.

98 300人の乗客を乗せることができるその航空会社の飛行機は，株主にとっては喜ばしいことに，常に満席となっています．ある航空機の乗客300人の無作為標本を用いて，乗客の飛行機積載量を考えることができますか．母集団の全てのメンバーは，標本を取り出す過程のそれぞれの段階において，抽出される可能性は等しいですか．

答：いいえ．飛行機積載量は，無作為標本ではありません．たとえば，その飛行機に乗っている団体旅行あるいは家族の中の一人は，大きくその飛行機に乗っている同じグループのその他のメンバーの確率を上昇させます．

99 中心極限定理に従えば，大標本の $\bar{x}$ の標本分布の形状は，正規となっていきます．それゆえ $\mu_{\bar{x}} = $ _____ かつ $\sigma_{\bar{x}} = $ _____ となります．

答：
$$\mu_{\bar{x}} = \mu$$

正規分布

$$\sigma_{\bar{x}} = \frac{\sigma}{\sqrt{n}}$$

100 大標本（$n>30$）についての $\bar{x}$ の標本分布の形状は，＿＿＿＿と呼ばれます．

答：正規

101 大標本（$n>30$）についての $\bar{x}$ の標本分布は，正規となっていき，平均値と標準偏差はその母集団の母数と以下のような関係にあります．

$$\mu_{\bar{x}} = \mu$$

$$\sigma_{\bar{x}} = \frac{\sigma}{\sqrt{n}}$$

これは，＿＿＿＿定理です．

答：中心極限

102 別紙に中心極限定理をあなたの言葉で述べなさい．

答：答にはこれらのポイントが含まれていなければなりません．
  (a) 定理は大標本（$n>30$）の平均値の標本分布に適応される．
  (b) この標本分布の形状は正規となっていく．
  (c) この分布の平均値は母平均に等しい．
  (d) この分布の標準偏差は母標準偏差を標本数の平方根で割ったものに等しい．

■2章 母集団と標本

表計算ソフトによる正規確率

おそらく期待しているように，表計算ソフトは正規分布確率を計算する関数を持っています．最もよく使われる関数は累積確率を与えるものです．つまり，z スコアが検定に使うスコア以下となる確率が得られます．図2-14を見てください．

表計算による結果は，所与の z の値以下となる全体の曲線の下の割合を表します．$z=0$ から与えられた値の面積は0.5から引くことで得られます．

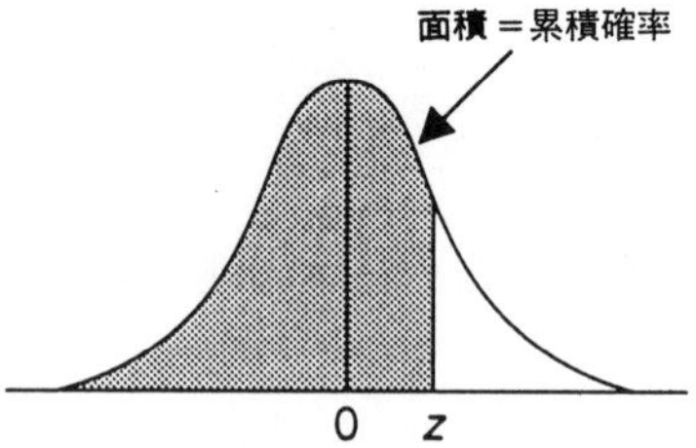

図2-14

正規曲線の下の累積面積

	Microsoft Excel	Lotus 1-2-3
累積確率	=NORMDIST($x,\mu_{\bar{x}},\sigma_{\bar{x}}$,TRUE)	@normal($x,\mu_{\bar{x}},\sigma_{\bar{x}}$,0)
累積確率 (z スコアを用いた時)	=NORMSDIST(z)	@normal(z,1,0,0)
z スコア	=STANDARDIZE($x,\mu_{\bar{x}},\sigma_{\bar{x}}$)	(($x-\mu_{\bar{x}}$)/$\sigma_{\bar{x}}$)

表計算の公式ではzスコアを計算する必要のないことに注意してください．その代わりに$\mu_{\bar{x}}$と$\sigma_{\bar{x}}$を入力すると，表計算ソフトがzスコアを計算してくれます．また，表計算の公式は，累積確率を与えることにも注意してください．表計算シートは，平均値があなたが入力するスコア以下となる確率を示します．全ての確率の合計は1.0なので，標本平均が標本分布の平均値の上あるいは下となる確率は常に0.5であり，足し算あるいは引き算で他の結果を計算することができます．

103 この問題を覚えていますか．ある国際航空会社を貿易用の急行積荷の平均重量を28.5kgで標準偏差を5 kgと判断しています．もし100の積荷の無作為標本を取り出すと，どの程度の割合で標本平均が30kg（セルA1）を超えると期待されますか．あなたは表計算シートに以下の入力に必要なものを計算しています．

$$セル A2に，\mu_{\bar{x}} = \mu = 28.5$$

$$セル A3に，\sigma_{\bar{x}} = \frac{\sigma}{\sqrt{n}} = 0.5$$

必要な確率が返ってくるように，あなたの表計算シートに入力できる公式を書きなさい．（あなたの使っている表計算ソフトで質問に答えなさい．）＿＿＿

答：もしMicrosoft Excelを使っているならば，＝NORMDIST(A1,A2,A3,TRUE)です．

もしLotus 1-2-3を使っているならば，@normal(A1,A2,A3,0)です．

104 もう一つのすでに出てきている問題を見てましょう．ある母集団の平均値は20（セルB 2），標準偏差は4（セルB3）です．64（セルD4）の標本を無作為に選ぶ予定です．標本平均が20から21に存在する確率はどの程度です

■2章 母集団と標本

か．

表計算シートを完成させなさい．（あなたの使っている表計算ソフトで質問に答えなさい．）

答：この問題を解くためには，表計算関数が返してくる累積確率から20未満となる結果の確率を引かなければなりません．20が標本分布の平均値なので，標本平均が20未満となる確率は0.5です．この標本の答えは，セルD6を見てください．

もしあなたが Microsoft Excel を使っているならば，表計算シートは次のようになっているでしょう．

	A	B	C	D
1	母集団		標本	
2	平均	20	平均	=B2
3	標準偏差	4	標準偏差	=B3/SQRT(D4)
4			標本数	64
5			x<21の確率	=NORMDIST(B2, B3, D4, TRUE)
6			20<x<21の確率	=(D5 − 0.5)

もしあなたが Lotus 1-2-3 を使っているならば，表計算シートは次のようになっているでしょう．

	A	B	C	D
1	母集団		標本	
2	平均	20	平均	=B2
3	標準偏差	4	標準偏差	=B3/@sqrt(D4)
4			標本数	64
5			x＜21の確率	@normal(B2, B3, D4, 0)
6			20＜x＜21の確率	D5 − 0.5

自己診断テスト

もしうまくこの章を仕上げているならば，いまあなたは，標本についての予測をするために母集団についての情報を使うことができます．あなたは以下のことができるようになっています．

● 母集団と標本の違いを述べる．

● 与えられた母集割合を用いて，標本割合を予測するために二項確率表を用いる．

● 与えられた母集団の平均値と標準偏差を用いて標本平均を予測するために正規分布表を用いる．

これらの復習問題に挑戦してみましょう．巻末の表Ⅰには，参照する必要があると思われる公式を載せています．

1．以下のそれぞれの記述に対応する語句を述べなさい．

　(a) より大きな可能な観測値のグループを表すための無作為に選ばれた観測値のグループ

　(b) 与えられた種類（タイプ）の全ての可能な観測値

　(c) 母集団の観測値を整理する数値

　(d) 標本の観測値を整理する数値

2．ジョーカーが含まれない2組のトランプがあります．十分にカードを

■2章 母集団と標本

シャッフルし，5枚のカードを取り出します．4枚以上クローバーを引く確率はどの程度ですか．

3．一組のトランプから顔のついたカード（11，12，13）とエースだけを取りだし後のカードを捨てます．そして十分にカードをシャッフルし，2枚のカードを取り出します．クローバーを2枚引く確率を計算するために，二項確率表を用いることができますか．またそれはなぜですか．

4．あるおもちゃ会社で作られているビー玉の平均直径は0.850cmで，標準偏差は0.010cmです．100個のビー玉の無作為標本の平均直径が0.851よりも大きくなる確率はいくらですか．

答 問題を復習するために，答の後に示されたフレームを学習しなさい．

1．（a） 標本
　（b） 母集団
　（c） 母数
　（d） 統計量

フレーム1から17参照．

2．母集団は104で標本数は5です．それゆえカードが返されていなくても二項確率表（巻末の表Ⅲ）を用いるでしょう．

$P=0.25$（4種類（スペード，クローバー，ダイヤ，ハート）は同じ数あります．）

$n=5$（5枚のカードを取り出します）

$x=4, 5$（4回以上の成功に関心があります）

二項確率表から，これらの値を求めます．0.015, 0.001．4枚以上ク

ローバーを引く確率は，それゆえ0.016です．約1.6%起こります．
フレーム52から71参照．

3．いいえ．あなたの持っているカードの束（母集団）は，16枚のカードで成り立っています．標本数が20よりも少ないので，それぞれのカードを引いた後で戻さないかぎり，二項確率表は使えません．フレーム63から68参照．

4．
$$\mu_{\bar{x}}=0.85$$
$$\sigma=0.01$$
$$\sigma_{\bar{x}}=\frac{\sigma}{\sqrt{n}}=\frac{0.01}{10}=0.001$$
$$z=\frac{\bar{x}-\mu}{\sigma_{\bar{x}}}=\frac{0.851-0.850}{0.001}=\frac{0.001}{0.001}=1.0$$

正規確率表（表Ⅳ）より，$\bar{x}$ が0.850から0.851の間に存在する確率は，0.341です．$\bar{x}$ が0.851よりも大きくなる確率は0.500−0.341＝0.159つまり15.9%です．フレーム75から102参照．

3章　推定する

しばしば標本についての情報に基づく母集団の特性を推定することが必要となります．たとえば，森のすべての木を測ることなく，すべての木の高さの平均値を推定したいと思うでしょう．木の無作為標本を測ることで森のすべての木の高さを得るというとてもよいアイデアが一般的に支持されています．実際，標本分布表を用いることで「とてもよい」という記述を信頼水準の数学的な記述に変換することができます．この章では，標本のデータに基づく母集団の母数の推定方法とこれらの推定値の数学的に定義された信頼区間の構築方法を学んでいきます．

この章を完成させると，以下のことができるようになります．
- μ，P，σ を推定する．
- P の信頼区間を構築する．
- μ の信頼区間を構築する．

推　定

しばしば母集団の母数の値を推定するために標本が用いられます．標本統計量は母集団の母数と同一ではないことが分かっていても，統計量は母数の最良の推定値です．

1 もしL寸の卵30カートンの平均の重さが30オンスならば，L寸の卵の全てのカートンの重さの平均値の最良の推定値は何オンスですか．

■3章　推定する

＊1オンス≒28.35グラム

答：30オンス

2 この場合，母数＿＿の推定値として統計量＿＿を用いました．

答：μ
　　$\bar{x}$

3 あるマーケティング調査会社が，ある日の夕方に，テレビ視聴者の18％は，*The Return of the Creature from the Black Lagoon* を見ていたと報告しています．この割合は母数ですか，統計量ですか．

答：統計量．この報告は，テレビを見ている人の標本に基づいています．

4 この場合，p（母数/統計量）が，P（母数/統計量）の推定値として用いられます．

答：統計量
　　母数

5 標本の分布に基づいて母集団の標準偏差を推定したいと思う場合，次のような問題にぶち当たります．標本データに σ の公式を当てはめて得られる数値は，母標準偏差の良い推定値ではありません．代わりに，少し異なる公式を使わなければなりません．

説明は長すぎるのでここではしませんが，小さな標本にとっての σ の公

式は，母集団の標準偏差を過小推定する傾向にあります．つまり，概して標本の標準偏差は母集団の標準偏差よりも小さくなる傾向にあります．

これら2つの公式は，

母集団の標準偏差

$$\sigma = \sqrt{\frac{\sum(x-\mu)^2}{n}}$$

標本データに基づく母標準偏差の推定値

$$s = \sqrt{\frac{\sum(x-\bar{x})^2}{n-1}}$$

母標準偏差の記号は___です．

答：σ

6 標本標準偏差の推定値の記号は___です．

答：s

7 これらの公式において，σ は（母数/統計量）です．s は（母数/統計量）です．σ の公式で n となっているところが，s の公式では___となります．また μ となっているところは，___となります．

答：σ は母数です．s は統計量です．
　　$n-1$
　　$\bar{x}$

8 $n-1$ を含む公式はどちらですか．

■3章 推定する

答： $$s=\sqrt{\frac{\sum(x-\bar{x})^2}{n-1}}$$

9 σ の公式は何ですか．

答： $$\sigma=\sqrt{\frac{\sum(x-\mu)^2}{n}}$$

10 s の公式は何ですか．

答： $$s=\sqrt{\frac{\sum(x-\bar{x})^2}{n-1}}$$

11 30カートンの標本を基にすべてのL寸の卵の重さの標準偏差を推定したければ，どちらの公式を用いますか．（公式全体を書きなさい）

答： $$s=\sqrt{\frac{\sum(x-\bar{x})^2}{n-1}}$$

12 もし20カートンの卵が母集団を形成し，この母集団の標準偏差を推定したければ，どちらの公式を用いますか．（公式全体を書きなさい）

答： $$\sigma=\sqrt{\frac{\sum(x-\mu)^2}{n}}$$

13 以下の数字は，5人の子供の話すボキャブラリーの語句の数を表わしています．平均値と標準偏差によってこのグループを記述しなさい．
100, 100, 300, 400, 600

推　定

答：
$$\mu = 300$$
$$\sigma = \sqrt{\frac{180000}{5}} = 189.7$$

これよりも大きな母集団の母数を推定しようとしているわけではないので，σ の公式を用いるべきです．

14 適切に選ばれた標本において，ある年齢の 5 人の子供が，話し言葉の中に，以下のようなボキャブラリーの数を持っています．この年齢のすべての子供にとっての平均値と標準偏差を作成する最良の推定値は何ですか．
100，100，300，400，600

答：
$$\bar{x} = 300$$
$$s = \sqrt{\frac{180000}{4}} = 212.1$$

これは推定の問題なので，s の公式を用いるべきです．（上に見られるように，このような小さな標本でこれらの推定値はあまり信頼できません．しかしながら，これはあなたが作成できる最良の推定値です．）

15 もし同じデータで s と σ の両方を計算すると，どちらが大きくなりますか．

答：s．分母（分数の下の数値）がより小さいからです．

16 標本数が1000の時，σ と s の違いは大きいと思いますか．

■3章　推定する

答：いいえ．与えられた数を1000で割ったものと同じ数を999で割ったものとの差はあまり大きくありません．

17 標本数が4の時，σとsの違いは大きいと思いますか．

答：はい．$\dfrac{x}{3}$と$\dfrac{x}{4}$の違いは大きいです．

18 Pの推定値として用いられる統計量は何ですか．

答：p

19 σの推定値として用いられる統計量は何ですか．

答：s

20 μの推定値として用いられる統計量は何ですか．

答：$\bar{x}$

散布度の推定のための表計算公式

σとσ^2の計算を行う表計算関数があります．またsとs^2の計算を行う関数もあります．

散布度の推定のための表計算公式

標本の散布度の推定値	Microsoft Excel	Lotus 1-2-3
標準偏差 s	=STDEV（A1：A20）	@stds（A1..A20）
分散 s^2	=VAR（A1：A20）	@vars（A1..A20）

母集団に関するものについては P で（Microsoft Excel），標本に関するものについては，s で（Lotus 1-2-3）母集団の母数と標本に基づく推定値とを区別していることに注意して下さい．

母集団の散布度の測度	Microsoft Excel	Lotus 1-2-3
標準偏差 σ	=STDEVP（A1：A20）	@std（A1..A20）
分散 σ^2	=VARP（A1：A20）	@var（A1..A20）

21 もしデータがセル D1 から D15 にあり，セル E5 に標準偏差の推定値を E6 に分散の推定値を表示したいならば，セル E5 に入力する公式は何ですか．（あなたの使っている表計算ソフトで質問に答えなさい．）＿＿＿＿．E6 には＿＿＿＿．

答：もし Microsoft Excel を使っているならば，E5 には，=STDEV（D1：D15）を E6 には，=VAR（D1：D15）です．

もし Lotus 1-2-3 を使っているならば，E5 には，@stds（D1..D15）を E6 には，@vars（D1..D15）です．

■3章 推定する

22 もしデータがセルD1からD375にあり，セルE6に母標準偏差を表示したいならば，セルE6に入力する公式は何ですか．（あなたの使っている表計算ソフトで質問に答えなさい．）_____．

答：もしMicrosoft Excelを使っているならば，＝STDEVP（D1：D375）です．
もしLotus 1-2-3を使っているならば，@std（D1..D375）です．

23 s に対応する表計算関数は何ですか．_____．
σ に対応する表計算関数は何ですか．_____．
（あなたの使っている表計算ソフトで質問に答えなさい．）

答：もしMicrosoft Excelを使っているならば，s に対応するのは＝STDEV（ ）で，σ に対応するのは＝STDEVP（ ）です．
もしLotus 1-2-3を使っているならば，s に対応するのは@stds（ ）で，σ に対応するのは@std（ ）です．

μ の信頼区間

母数の推定値に置くことができる信頼度は様々な値をとります．あるケースにおいては，あなたの悪い推定値に対して，現実的に意義を持つ水準を用いて客観的に受け入れることができないと述べることができます．またあるケースでは，"最良の"という意味で—関心のある母数のおよその大きさのみの指数となる—大まかな"およそ"の推定値を考えなければなりません．この問題を取り扱うために便利な方法の一つは，推定値の信頼区

μの信頼区間

間を構築することです．たとえば，「我々のデータコミュニケーションシステムにおいて，1メッセージ当りの平均文字数は98％の信頼度で307から313となる」といったものです．

24 どのように信頼区間を構築できるか，そして何を意味するのかを明らかにするために，多少誇張された例を考えましょう．母集団の散布度が分かっている状態で母集団の平均値を推定したいとします．

　ある工場は，スパゲッティと麺を包装するために適当な大きさに切る機械を2台持っています．両方の機械は，いろいろな長さで切るように調整することができます．しかしながら，2つの機械の散布度は異なっています．機械Aでパスタを切る標準偏差は0.1cmです．機械Bでパスタを切る標準偏差は1.0cmです．

　もしこの工場長が一束の中の全ての麺ができる限り同じ長さになるようにしたいならば，どちらの機械を使ってそれらを切りますか．

答：機械A．製品の変動がより少ないからです．

25 今，機械Aで切ったパスタの標本をたくさん取りだし，それぞれの標本の平均値を計算するとどうなるかを考えます．たとえば，機械が30cmの長さでパスタを切るようにセットされており，36の標本を取り出すとします．中心極限定理に基づいて機械Aの標本分布を推定することができます．以下の表を完成させなさい：

　　　　　　　機械A
　母集団：　　$\mu = 30$cm
　　　　　　　$\sigma = 0.1$cm

■3章 推定する

36の標本： $\mu_{\bar{x}}=$ ＿＿＿＿

$\sigma_{\bar{x}}=\dfrac{\sigma}{\sqrt{n}}=$ ＿＿＿＿

答： $\mu_{\bar{x}}=\mu=30\text{cm}$

$\sigma_{\bar{x}}=\dfrac{\sigma}{\sqrt{n}}=\dfrac{0.1}{6}=0.0167\text{cm}$

26 正規分布表に従えば，$\bar{x}$ は μ から 0.0167cm 以内にどの程度の割合で存在しますか．

答：0.6826．おおよそ68%．$\sigma_{\bar{x}}=0.0167$，$z=1.0$なので．$z=1.0$に対応する正規分布表の記載は，0.3413です．μ の上下両方に関心があるので，表の数値を2倍しなければなりません．

27 「記述された状況（$\sigma=0.1$, $n=36$）の下で，$\bar{x}$ は μ から 0.0167cm 以内に68%の確率で存在する」これは正しいですか，間違いですか．

答：正しい

28 今，μ が分からないとします．もし σ と n が同じであれば，μ の値にかかわらず上の記述は正しいです．もし μ が分からなければ，標本から計算された，いかなる $\bar{x}$ でもその 0.0167cm 以内であると予測するのが正しいとされる確率は68%です．たとえば，もし標本から得られた $\bar{x}$ が20ならば，μ は $20+0.0167$ から $20-0.0167$ の範囲内に68%の確率で存在します．μ は19.9833から＿＿＿＿の間に68%の信頼度で存在するといえます．

μの信頼区間

答：20.0167

29 もし推定値から有用な結論を導き出すとするならば，68%よりも高い信頼水準を求めるでしょう．たとえば，間違った推定値を作成するリスクを5%にしたいとします．この場合には，＿＿の信頼水準を選びます．

答：95%

30 機械 A で切った麺の標本36を得て，その36の麺の平均の長さが25cmであったとします．いま95%の信頼度で，機械の精密な設定を判断したいと思っています．95%の信頼区間の構築の方法は以下のとおりです．

(a) 使用する信頼水準を決める．95%を選択する．

(b) 平均値の両側に含まれていなければならない標本分布は何%であるかを求めるために，信頼水準を2で割る．95%においては，平均値の両側に47.5%ずつ含めなければなりません．

(c) 適切なパーセンテージをもつ z スコアを求めるために，正規分布表を見てください．0.475に対応するスコアは1.96であることが分かります．

(d) z スコアは，要求されたパーセンテージを含めるためには，平均値から双方向に標準偏差何個分離れるのかを示しています．センチメートル単位で示すために，標本分布の標準偏差を z スコアに掛けなければなりません．

$$1.96 \times 0.0167 = 0.033 \text{cm}$$

(e) 信頼区間の上限を得るために標本平均にセンチメートル単位の値を加え，下限を得るために標本平均から引きなさい．標本平均は25.000

■3章 推定する

　　　　だったので，上限は_____です．下限は_____です．

答：25.033
　　24.967

31 同じ標本にもとづいて，99％の信頼区間を計算したいとします．

$$x = 25.000 \text{cm}$$
$$\sigma = 0.1 \text{cm}$$
$$n = 36$$
$$\sigma_{\bar{x}} = \frac{\sigma}{\sqrt{n}} = 0.0167$$

μ についての99％の信頼区間を計算しなさい．もし必要ならばフレーム30を参照して，これらのステップを完成させなさい．

（a）　信頼水準は何ですか．
（b）　平均値の両側の分布の比率はいくらですか．
（c）　z スコアは何ですか．
（d）　何cmですか．
（e）　上限と下限はいくつですか．

答：（a）　99％
　　（b）　49.5％
　　（c）　2.58
　　（d）　0.043cm（＝2.58×0.0167）
　　（e）　24.957－25.043

100

μの信頼区間

32 z_0 は，選択した信頼水準に対応する z スコアを示すために使われる記号です．たとえば，95％の信頼水準では $z_0=1.96$ です．99％の信頼水準では $z_0=$ ＿＿ です．

答：2.58

33 μについての信頼区間の公式は，

$$\bar{x} \pm z_0\left(\frac{\sigma}{\sqrt{n}}\right)$$

です．±の記号は，「プラスマイナス」と読みます．この公式の中で，±は，上限を求めるために足し，下限を求めるために引くことをあらわしています．この公式を参考に，以下の情報に基づいて機械Bのセッティングのために99％の信頼区間を計算しなさい．

$\bar{x}=25$
$\sigma=1.0$
$n=36$

μは，99％の信頼で＿＿から＿＿の範囲内に存在します．

答：24.57から25.43

34 90％の信頼水準に対応する z_0 は何ですか．

答：1.65

■3章　推定する

MICROSOFT EXCEL による信頼区間

表計算ソフト Microsoft Excel は，正規分布にもとづく信頼区間をセットする関数を備えています．受け入れなければならないエラーの割合，母標準偏差，標本数を表計算シートに与えなければなりません．CONFIDENCE（エラー（有意水準），σ，n）関数は，信頼区間を構築する平均値からの「プラスマイナス」の範囲を返してきます．（Lotus 1-2-3 200においては，@confidence（α；a；n）を用います．）

たとえば以下の例を想定します．

　　５％のエラーを受け入れなければならない（95%の信頼度）
　　標本数は30です．セル A5．
　　母標準偏差は５です．セル A6．
　　標本平均は25です．

CONFIDENCE（0.05，A6，A5）は，上限を求めるために平均値に加え，下限を求めるために標本平均から引くための信頼区間を示します．（Lotus 1-2-3 では，@confidence（0.05；A6；A5））

35 以下の例を想定しましょう．

　　２％のエラーを受け入れなければならない（98%の信頼度）
　　標本数は21．セル C2．
　　母標準偏差は3.5です．セル B3．
　　標本平均は17.4です．セル B2．

信頼区間の上限を求めるために用いる公式は何ですか．

答：＝B2＋CONFIDENCE（0.02，B3，C2））

(Lotus 1-2-3 では，B2＋@confidence（0.02；B3；C2）

σが未知の時のμの信頼区間

母標準偏差が分からない時にも，標本統計量に基づく信頼区間を計算できます．これを行うためには，標本の平均値と標準偏差を分かっていなければなりません．

36 これまで議論してきたケースにでは，あなたはμを推定しますが，母集団の母数σの正確な値を分かっています．これは一般的な状況だと思いますか．

答：いいえ．おそらく大抵はμもσも分からない状況にあるでしょう．

37 もし標本数が30よりも大きければ，σの推定値を代入することで，真の信頼区間に近い推定値を得ることができます．σの推定値は何ですか．

答：s

38 以下の公式を参照しなさい．

$$\mu についての信頼区間：\bar{x} \pm z_0 \left(\frac{\sigma}{\sqrt{n}} \right)$$

■3章　推定する

$$\sigma \text{の推定値}: s=\sqrt{\frac{\sum(x-\bar{x})^2}{n-1}}$$

あなたは，ある画一化された状態の下で，航空運輸統制官が複雑なレーダーディスプレイを読み取り，反応するのにかかる時間について研究しています．無作為に選ばれた36人の統制官のそれぞれが1回ずつ行った結果から，以下の統計量を得ています．

$$\bar{x}=3.15\text{秒}, \sum(x-\bar{x})^2=20.00, n=36$$

ディスプレイを読んで，反応するまでにかかる平均時間の95％の信頼区間は何ですか．

答：(以下の手順で求めていきます)

（a）　95％の信頼区間を考えます．

（b）　平均の両側に47.5％あります．

（c）　$z_0=1.96$（47.5％のzスコア）

（d）　$s=\sqrt{\frac{\sum(x-\bar{x})^2}{n-1}}=\sqrt{\frac{20}{35}}=0.755$

　　　$z_0\left(\frac{s}{\sqrt{n}}\right)=1.96\left(\frac{0.755}{6}\right)=0.25$

（e）　信頼区間は3.15 ± 0.25です．

μは，2.90から3.40の間に95％の信頼で存在します．

39 正規確率表は30よりも大きな標本についての$\bar{x}$の標本分布を与えます．10の標本に基づくμについての信頼区間を作るためにこれを用いることができますか．

答：いいえ．

40 μについての信頼区間をつくる際に正規確率表を用いるためには，少なくとも____の標本の大きさを分かっていなければなりません．

答：30

41 もし標本が30よりも小さくても，母集団分布が正規であると仮定することで，μについての信頼区間を作成することができます．たとえば，航空運輸統制官の研究において，20の標本だけ観測し得るとします．下のグラフは，3つの異なる任務について得られたデータを整理したものです．

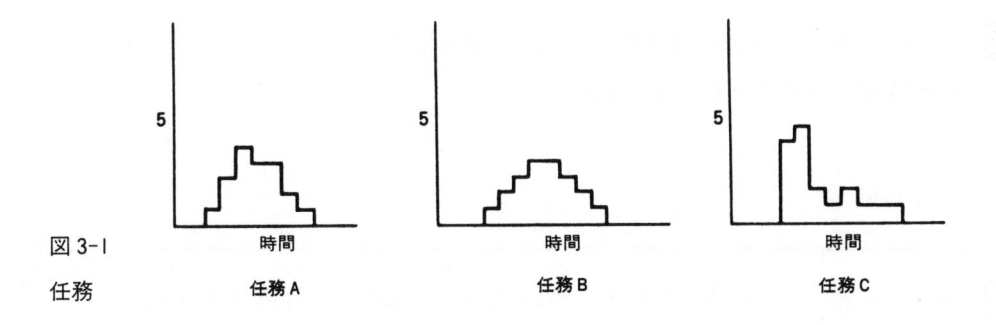

図3-1
任務　　　　任務A　　　　　　任務B　　　　　　任務C

データからこの仮定が起こりにくいとされない限りは，母集団分布が正規であると仮定することが経験的に支持されます．これらのデータから，これらの任務のいずれにおいても母集団分布が正規で無いと仮定するでしょうか．もしそうであるならばどの任務ですか．

答：任務C．標本の分布が歪みすぎていて，正規に分布した母集団からとは思えません．（任務Aにとっての標本の分布もまたわずかに歪んでいるが，正規に分布した母集団から20のわずかに歪んだ標本が取り出されることは，非常によく起こることです．）

■3章 推定する

42 30よりも大きな標本について，μについての信頼区間を作るために，母集団が正規に分布していると仮定しなければならないでしょうか．

答：いいえ．

43 30よりも小さな標本について，μに関する信頼区間を作るために母集団が正規に分布していると仮定しなければならないでしょうか．

答：はい．

44 正規に分布していない母集団から15個の標本に基づくμについての信頼区間を構築することができますか．

答：いいえ．

45 正規に分布している小さな標本についてのμの信頼区間を構築する時は，「スチューデントのt」と呼ばれる標本分布を用いなければなりません．この分布は正規分布に似ていますが，精密な形状が標本の大きさに依存します．手順は以下を除いて同じです．
（a） 正規確率表からz_0の値を用いる代わりに，t分布表からt_0の値を用いなければなりません．
（b） たとえσが分かっていても，常にsを用いなければなりません．
　　たとえば，フレーム41における任務Bの平均時間についての99%の信頼区間を構築しましょう．

$$\bar{x}=3.00 \quad s=0.53 \quad n=20$$

σが未知の時のμの信頼区間

t分布表より，20の標本の99％信頼区間におけるt_0は，2.86であることが分かります．（表の読み方についてはこの後からすぐに学習します．）

小さな正規に分布する標本の信頼区間についての公式は，以下のとおりです．

$$\bar{x} \pm t_0\left(\frac{s}{\sqrt{n}}\right)$$

この場合の信頼区間は何ですか．

答：$\bar{x} \pm t_0(s/\sqrt{n}) = 3.00 \pm 2.86(0.53/\sqrt{20}) = 3.00 \pm 0.34$．$\mu$は2.66から3.34の間に99％の信頼で存在します．

1列目には，自由度の数（df）が載せてあります．その他の列の見出しは表の値を超えるtの確率です．負のt値については対称に用います．

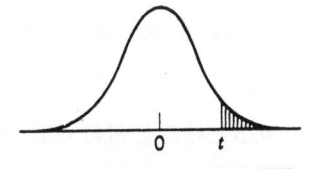

df \ P	.10	.05	.025	.01	.005
1	3.078	6.314	12.706	31.821	63.657
2	1.886	2.920	4.303	6.965	9.925
3	1.638	2.353	3.182	4.541	5.841
4	1.533	2.132	2.776	3.747	4.604
5	1.476	2.015	2.571	3.365	4.032
6	1.440	1.943	2.447	3.143	3.707
7	1.415	1.895	2.365	2.998	3.499
8	1.397	1.860	2.306	2.896	3.355
9	1.383	1.833	2.262	2.821	3.250
10	1.372	1.812	2.228	2.764	3.169

図3-2

t分布の棄却点

46 上の図は，t分布表からの抜粋です．それぞれの行は，特定の標本数についてのtの分布を表わしています．右側のdf（自由度）の列は，標本数ご

■3章 推定する

との正しい分布を選択できるようになっています．ある標本の（平均値に対する）自由度は $n-1$ に等しいので，8の標本の自由度は___です．

答：7

47 10の標本についての自由度は___です．

答：9

48 t 表のトップの見出しは，示された t の値による上限あるいは下限の外に平均値が存在する確率を与えます．たとえば，95％の信頼区間を設定するならば，上限の外側に平均値の存在する確率が，2.5％となるような上限を得たいとします．（もちろん下限の外の確率もまた2.5％です．）それゆえ，0.025と見だし付けられた列から t の値を選びます．もし90％の信頼区間を設定するならばどの列ですか．

答：0.05と見出し付けられた列．

49 6の標本にとっての98％の信頼区間の t_0 を探したい場合，用いる df の値は何ですか．

答：5 （df $=n-1$）

50 用いる列はどれですか．

答：0.01

51 上のフレーム46のt表において正しい数値に丸をつけなさい．

答：

1列目には，自由度の数（df）が載せてあります．その他の列の見出しは表の値を超えるtの確率（P）です．負のt値については対称に用います．

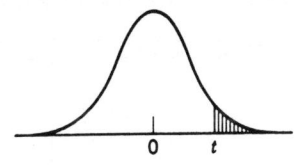

P df	.10	.05	.025	.01	.005
1	3.078	6.314	12.706	31.821	63.657
2	1.886	2.920	4.303	6.965	9.925
3	1.638	2.353	3.182	4.541	5.841
4	1.533	2.132	2.776	3.747	4.604
5	1.476	2.015	2.571	(3.365)	4.032
6	1.440	1.943	2.447	3.143	3.707
7	1.415	1.895	2.365	2.998	3.499
8	1.397	1.860	2.306	2.896	3.355
9	1.383	1.833	2.262	2.821	3.250
10	1.372	1.812	2.228	2.764	3.169

図 3-2

t分布の棄却点

52 15の標本に基づくμについての99％の信頼区間を設定します．巻末の表Vのにおいて適切なt_0を探しなさい．

$t_0 = $ _____

答：2.977

30よりも大きなdfについてもt表に数値が掲載されていることに気づくでしょう．もし母集団は正規に分布していても，σがわからないならば，t表をμについての正確な信頼区間を得るために用いることができます．

■3章 推定する

これは，正規分布表を用いて σ の推定値に s を用いる時に得られた近似値よりも正確です．標本が大きくなればなるほど t_0 は z_0 に近づくので，大標本においては2つの手順による違いは実質的にはほとんどありません．

53 以下のそれぞれの標本において，μ についての98％の信頼区間はどのように構築していきますか．それぞれの標本について正しい答を選びなさい．

図 3-4
標本 A
n＝50

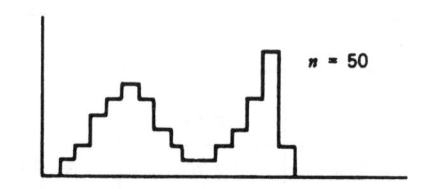

この標本が取り出された母集団の標準偏差が σ＝7.85であることが分かっています．母集団分布は正規でないことが分かっています．

(a) z を使う．
(b) t を使う．
(c) 信頼区間を作成できない．

図 3-5
標本 B
n＝15

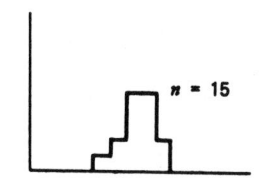

母集団は正規分布を持つと仮定されています．

(a) z を使う．

(b) t を使う．

(c) 信頼区間を作成できない．

図 3-6
標本 C
n＝36

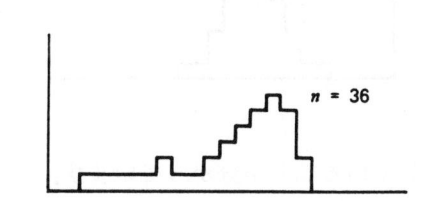

母集団の標準偏差は分かりません．分布は正規ではないと分かっています．

(a) z を使う．

(b) t を使う．

(c) 信頼区間を作成できない．

図 3-7
標本 D
n＝25

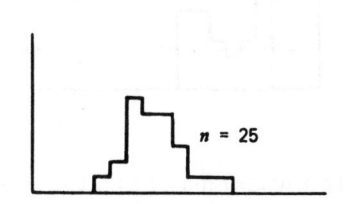

母集団は正規に分布しており，標準偏差が $\sigma=8.0$ であることが分かっています．

(a) z を使う．

(b) t を使う．

(c) 信頼区間を作成できない．

■3章 推定する

図 3-8
標本 E
n=45

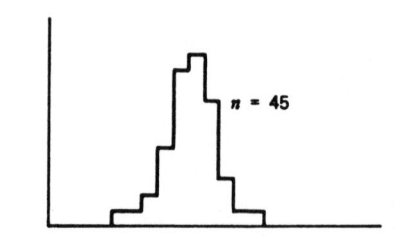

母集団は正規に分布していることが分かっています．

(a) z を使う．
(b) t を使う．
(c) 信頼区間を作成できない．

図 3-9
標本 F
n=24

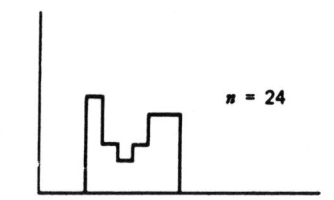

標本の分布より母集団は正規に分布していないと仮定しています．

(a) z を使う．
(b) t を使う．
(c) 信頼区間を作成できない．

答：標本A　(a)　z を使う．標本が大きい．
　　標本B　(b)　t を使う．標本は小さいが，正規な母集団からのものである．
　　標本C　(a)　z を使う．標本は大きい．

標本D　（b）　t を使う．標本は小さいが，正規な母集団からのものである．

標本E　（a）　z を使う．標本は小さいが，正規な母集団からのものである．

または

（b）　t を使う．どちらの方法を使っても，結果はほぼ同じである．理論的には，σ の精密な値が分からないので，t がより正確である．

標本F　（c）　信頼区間を作成できない．標本が小さく，母集団が正規に分布していない．

Pの大標本信頼区間

ちょうど $\bar{x}$ の標本分布を用いることで，μ の信頼区間を求めることができるように，p についての標本分布を用いることで，P の信頼区間も求めることもできます．たとえば，あるリゾート地において30人の観光客の無作為標本の半数が男性ならば（$p=0.50$），99%の信頼区間で，全ての観光客の0.27から0.73の比率で男性が存在するといえます．小標本において，二項確率分布に基づく特別な表が利用できます．大標本においては，二項確率分布はほぼ正規な形状をとります．それゆえもし標本が大きければ，正規確率表は P についての信頼区間を設定するために用いることができます．

54 あるワクチンの有効性を推定しようとしています．このワクチンを200人に投与し，問題となる病気に対して免疫を持つかを判断するためにテスト

■3章 推定する

します．200人中185人が免疫を持っていることが分かりました．つまり，$p=$＿＿．

答：0.925（＝185/200）

55 上記のテストにおいて，Pについての99％の信頼区間を作成したい．まず，標本が十分に大きいかを確かめなければなりません．Pの信頼区間を作成するために，標本の中で，より小さなグループを少なくとも10ケースを持っていなければなりません．この場合，小さい方のグループは，免疫を持たない15ケースで成り立っています．標本は十分に大きいですか．

答：はい．

56 Pの大標本信頼区間を構築するための公式は，

$$p \pm z_0 \frac{\sqrt{pq}}{\sqrt{n}}$$

この公式において，すでに分かっているように，pは関心のある結果（成功）の確率です．その他の確率はqです．たとえば，もしpが免疫を持つ確率ならば，qは免疫を持たない確率です．それゆえ$p+q=1$です．もし$p=0.925$ならば，$q=$＿＿です．

答：0.075

57 pの信頼区間を構築するための公式を用いなさい．用いるz_0は，μの大標本の信頼区間を構築するために用いるものと同じz_0です．Pは，99％の信頼度で＿＿から＿＿の間に存在します．

答：0.973から0.877

$$p \pm z_0 \frac{\sqrt{pq}}{\sqrt{n}}$$

$$0.925 \pm 2.58 \frac{\sqrt{(0.925)(0.075)}}{\sqrt{200}} = 0.925 \pm 0.048$$

58 100ケースの標本において，ある募金の手紙を受け取った20人は寄付し，80人は寄付しませんでした．もし同じ手紙を標本が選ばれた10,000の母集団全体に送ると，寄付すると期待される割合 P を予測しなさい．95%の信頼区間を用いなさい．

答：$p \pm z_0 \frac{\sqrt{pq}}{\sqrt{n}} = 0.20 \pm 1.96 \frac{\sqrt{(0.20)(0.80)}}{\sqrt{100}} = 0.20 \pm 0.08$

zとtの棄却値を探すために表計算を用いる

　信頼区間を計算するために，ある値の確率を選び，選んだ信頼水準に対応する z あるいは t の値を探すために表を用います．表計算ソフトは，与えられた確率の水準に対応する z あるいは t の値を返す関数を持っています．対応する z あるいは t を得るために，与えられた確率を用いる方法は，逆関数と呼ばれます．

　表計算シートは，これまで使ってきた表よりも若干異なった正規分布の確率の情報を備えています．表計算シートは，分布の右端から始まる累積正規分布確率を分析します．図3-10を見てください．

■3章 推定する

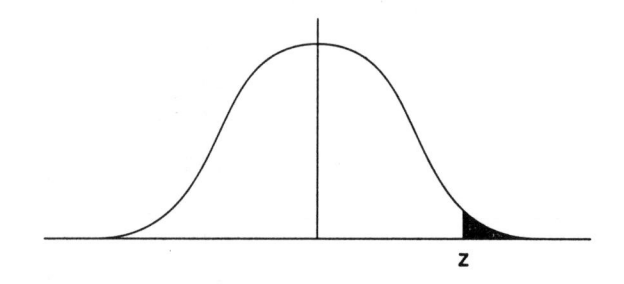

図3-10
正規曲線の下の面積

曲線の下の影の部分は，表計算関数で返してくる確率です．すでに分かっているように，この確率は，片側（たとえば高すぎる）で推定値が悪いとされる可能性をあらわしています．他方（低すぎる）においても悪いかもしれない可能性が等しく存在します．それゆえ表計算の正規分布関数に入力する確率は，受け入れなければならないエラーの確率の1/2でなければなりません．もし95％の信頼区間が得たいならば，5％のエラーの可能性を受け入れなければなりません．表計算の正規分布関数に入力する確率値は，$\frac{5}{2}$％＝2.5％つまり0.025となります．

59 もし98％の信頼区間としたければ，表計算シートの正規分布の公式に入力する確率は何ですか．

答：$\frac{2}{2}$％＝1％つまり0.01．

60 もし99％の信頼区間としたければ，表計算シートの正規分布の公式に入力する確率は何ですか．

答：$\frac{1}{2}$％＝0.5％つまり0.005．

zとtの棄却値を探すために表計算を用いる

$\mu = 0$，$\sigma = 1.0$ の標準正規分布を用いて作業します．関数で返してくる値は，zスコアとなるように，これらの値を入力する必要があります．Lotus 1-2-3 については，得たい逆関数を示すために type を 1 として関数を定義する必要があります．

(注意：@normsinv によって平均 0，標準偏差 1 の逆関数を用いることができます．)

	Microsoft Excel	Lotus 1-2-3
Model	=NORMINV(確率,平均,標準偏差)	@normal(確率,平均,標準偏差,1)
95%の信頼度の z_0 (5%のエラーの可能性)	=NORMINV (0.025,0,1)	@normal (0.025, 0, 1, 1)
99%の信頼度の z_0 (1%のエラーの可能性)	=NORMINV (0.005,0,1)	@normal (0.005, 0, 1, 1)

61 97%の信頼区間に対応する z スコアを計算するプログラムをあなたの表計算シートのセルに入力する公式を書きなさい．（あなたの使っている表計算ソフトで質問に答えなさい．）＿＿＿＿＿＿

答：もし Microsoft Excel を使っているならば，=NORMINV(0.015, 0, 1)です．
　　もし Lotus 1-2-3 を使っているならば，@normal(0.015, 0, 1, 1)です．

t の棄却値を探す表計算関数は正規分布関数とは若干異なります．表計算シートは，両側 t 分布の確率情報を備えています．図3-11を見てください．

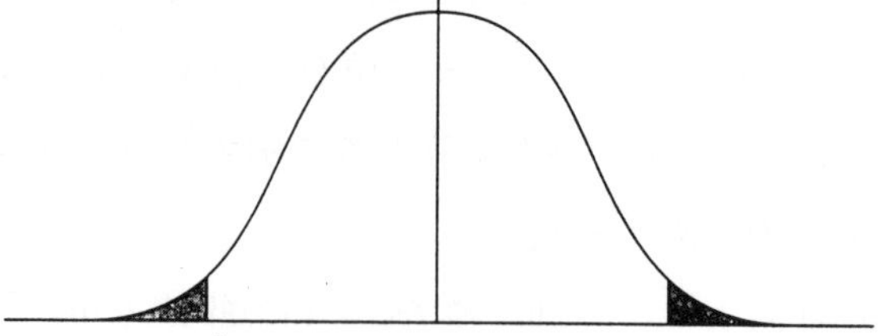

■3章 推定する

図3-11
t分布

表計算シートのt分布関数に入力する確率は，あなたが受け入れなければならないエラーの可能性とまったく同じものです．もし95％の信頼区間としたいならば，5％のエラーの可能性を受け入れなければなりません．表計算シートのt分布関数に入力する確率値は，5％つまり0.05です．

62 もし98％の信頼区間が得たければ，表計算シートのt分布の公式に入力する確率は何ですか．

答：$\frac{2}{2}$％＝1％つまり0.01．

63 もし99％の信頼区間を得たければ，表計算シートのt分布の公式に入力する確率は何ですか．

答：$\frac{1}{2}$％＝0.5％つまり0.005．

t分布を用いる場合，必要な確率値と自由度を入力する必要があります．Lotus 1-2-3については，得たい逆関数を示すためにtypeを1として関数を定義する必要があります．

zとtの棄却値を探すために表計算を用いる

	Microsoft Excel	Lotus 1-2-3
Model	=TINV（確率, df）	@tdist（確率, df, type, 方法）
df＝9で95%の信頼度のt_0 （5%のエラーの可能性）	=TINV（0.05, 9）	@tdist（0.05, 9, 1, 2）
df＝9で99%の信頼度のt_0 （1%のエラーの可能性）	=TINV（0.01, 9）	@tdist（0.01, 9, 1, 2）

方法1：片側検定　方法2：両側検定

64 11の標本数で97%の信頼区間に対応する t 値を計算するためのプログラムを表計算シートのセルに入力する公式を書きなさい．（あなたの使っている表計算ソフトで質問に答えなさい．）＿＿＿＿＿＿＿

答：もし Microsoft Excel を使っているならば，=TINV（0.03, 10）です．
　　もし Lotus 1-2-3を使っているならば，@tdist（0.03, 10, 1, 2）です．

自己診断テスト

もしうまくこの章を完成させているならば，いまあなたは，母集団の母数を推定するために標本統計量を用いることができます．あなたは以下のことができるようになっています．
- μ, P, σ を推定する．
- 標本平均と標準偏差を用いて μ の信頼区間を構築する．
- 大きな標本からのデータを用いて P の信頼区間を構築する．

いま，これらの復習問題に挑戦してみましょう．巻末の表Iに参照するのに必要な公式を載せています．

1．以下のデータは，正規に分布していると仮定した母集団から選ばれた

■3章 推定する

標本です．μとσの最良の推定値は何ですか．μの95％の信頼区間を構築しなさい．

　　データ：3, 4, 5, 6, 6, 7, 7, 7, 8, 8, 8, 9, 9, 10, 11, 12

2．ある兄弟会社の適切に選ばれた144人の社員の標本において，20％は大学を卒業しています．もし200,000人全ての調査を行うと，得られるであろう割合を推定しなさい．99％の信頼区間を構築しなさい．

3．あるキャンディー工場の製品からチョコレートで覆われたピーナッツの無作為標本を100個選びます．チョコレートのコーティングの厚さを推定することで，この標本について以下の統計量が得られています．

　　$\bar{x} = 0.1$cm　　$s = 0.01$cm

母数μについて95％の信頼区間を構築しなさい．

4．zとtを用いて信頼区間を構築する際に，必要となる仮定を簡単に述べなさい．

答　問題を復習するためには，答の後に示されたフレームを学習しなさい．

1．μの最良の推定値は$\bar{x}$です．

$$\bar{x} = \frac{\sum x}{n} = \frac{120}{16} = 7.50$$

σの最良の推定値はsです．

$$s = \sqrt{\frac{\sum(x-\bar{x})^2}{n-1}} = \sqrt{\frac{88}{15}} = \sqrt{5.87} = 2.42$$

信頼区間には，標本が小さいためtを使わなければいけません．

$$t_0 = 2.13 \quad (\text{df} = 15)$$

信頼区間の公式は以下のとおりです．

$$\bar{x} \pm t_0\left(\frac{s}{\sqrt{n}}\right) = 7.5 \pm 2.13 \frac{2.42}{\sqrt{16}}$$
$$= 7.5 \pm 2.13(0.605) = 7.5 \pm 1.29$$

μ は，95％の信頼度で6.21から8.79の間に存在します．フレーム36から53参照．

2．これは，P の大標本信頼区間です．

公式は以下のとおりです．

$$p \pm z_0 \frac{\sqrt{pq}}{\sqrt{n}} = 0.20 \pm 2.58 \frac{\sqrt{(0.20)(0.80)}}{\sqrt{144}}$$
$$= 0.20 \pm 2.58 \frac{0.4}{12} = 0.20 \pm 0.086$$

P は，99％の信頼度で0.114から0.286の間にあります．フレーム54から58参照．

3．標本の大きさが大きいので，適切な公式は以下のとおりです．

$$\bar{x} \pm x_0\left(\frac{s}{\sqrt{n}}\right) = 0.1 \pm 1.96 \frac{0.01}{\sqrt{100}} = 0.1 \pm 0.00196$$

この工場で生産されたチョコレートの厚さの平均は，95％の信頼度で0.098から0.102cm の間にあります．フレーム24から34参照．

4．信頼区間を作成するために z を使う時には，標本が30よりも大きいと仮定しています．σ が分かっているか，または推定値として s が使われます．信頼区間を作成するために t を使う時には，母集団が正規に分布していると仮定しています．この時には，決して σ を使わずに常に s を使います．フレーム30から34，45から48および53参照．

4章　仮説検定を行う

　科学的研究においては，理論を発展させそれを検定するために実験を行います．いかなる実験も完全にコントロールすることはできないので，常に結果は変動する可能性があります．たとえば，もっとも正確な測定システムでさえ，精度には限界があります．また生物学的研究のために，できる限り同じように飼育されたねずみもまた完全に同一にはなりません．観測値を反復できる回数には限界があるので，測定値は常に実現した標本となります．

　実験標本から一般化を行うために，ある実験の結果においてどの程度そうした危険が起こるのかを検定するための統計的手法を用います．まず実験結果は，コントロールできない要因の組み合わせによって引き起こされるランダムな変動だけを反映していると仮定します．この仮定は帰無仮説 (null hypothesis) と呼ばれます．もし実験がうまくいき，理論が正しいとするならば，偶発的な変動だけでは結果を説明するには十分ではないと示すことによって帰無仮説を棄却することができます．

　この章を完成させると，以下のことができるようになります．

- 帰無仮説と対立仮説を設定し，P に関する理論についての棄却域を作成する．
- μ に関する理論についての同じような統計的検定を行う．
- ある理論が間違っている時に受け入れる，あるいは正しい時に棄却する確率を決定する．

■4章　仮説検定を行う

仮説検定――割合

科学的理論を検定する際に，どのように統計的検定が使われるのかを理解するために，割合についての理論を検定するための二項確率表の使い方からはじめましょう．

1 科学的な研究における理論を統計的に検定するためには以下のような正式な手順があります．
  (a) もし結果が標本を取り出す時に含まれる偶発的な変動で説明できない場合には，その理論を確信することとなる実験を計画する．
  (b) その実験を行い，標本データを収集する．
  (c) その場合，結果は偶発性にのみ依存すると仮定する．この仮定は帰無仮説と呼ばれます．
  (d) 偶発性のみに基づいてあなたが持つ標本データが得られる確率を決定するために，帰無仮説に基づく理論標本分布を用いる．
  (e) もし偶発性だけであなたの持つ標本データが得られる確率があらかじめ決定された小さな確率（通常5％あるいは1％）よりも小さければ，結果は有意となる．この場合，帰無仮説を棄却し，あなたの理論は確信されると考える．

この手順において，帰無仮説は実験の結果が，_____に起因すると仮定しています．

答：偶発性．偶発的な変動は標本を取り出す際に含まれる．

2 もし帰無仮説を棄却するならば，あなたの理論は正しいことが確信（されます／されません）．

答：されます

3 次の定義を学習しなさい．
　　帰無仮説……実験結果は偶発的な変動のみで生じているとの仮定
　　対立仮説……あなたの理論
　　　　　　　（もし帰無仮説が棄却されると正しいことが確信される）
　　有意な結果…もっともらしくない実験結果は偶発性のみで生じている

実験結果の仮定は_____と呼ばれる偶発性に起因します．

答：帰無仮説

4 あなたの理論は_____と呼ばれます．

答：対立仮説

5 もし結果が有意であれば，あなたは_____を棄却します．

答：帰無仮説

6 有意でない結果は，帰無仮説を棄却（します／しません）．

答：します

■4章 仮説検定を行う

7 偶発性によって生じる尤もらしくない結果は＿＿＿であると呼ばれます．

答：有意

8 次の手順の例を見てください．ある研究者がミバエ（ハエの一種）の行動を研究し，「酢よりも蜂蜜のほうが多くのハエを捕まえることができる」という理論を検証したいと思っています．餌として両方の物質を使うために統一された手順を作成し，捕まえたハエの合計数 n と蜂蜜によって捕まえた割合 p を数えます．帰無仮説は蜂蜜も酢も捕まえることができるハエの数に大きな違いはないというものです．つまり，帰無仮説の下では，標本間における違いは偶発的な変動にのみ起因します．もしこれが正しければ，母集団の母数 $P =$ ＿＿＿です．

答：0.5．ハエはどのように捕まるかについて，何も好みを示していません．コイン投げと全く同じものです．

9 研究者は，15匹のハエを捕まえるまで実験を続けると決めています．二項確率表より帰無仮説に基づく理論標本分布を求めることができます．$P = 0.5$ および $n = 15$ の時の分布は以下のとおりです．

仮説検定――割合

14	0.05	0.1	0.2	0.25	0.3	0.4	0.5	0.6	0.7	0.75	0.8	0.9	0.95
15 0	0.463	0.206	0.035	0.013	0.005								
1	0.366	0.343	0.132	0.067	0.031	0.005							
2	0.135	0.267	0.231	0.156	0.092	0.022	0.003						
3	0.031	0.129	0.250	0.225	0.170	0.063	0.014	0.002					
4	0.005	0.043	0.188	0.225	0.219	0.127	0.042	0.007	0.001				
5	0.001	0.010	0.103	0.165	0.206	0.186	0.092	0.024	0.003	0.001			
6		0.002	0.043	0.092	0.147	0.207	0.153	0.061	0.012	0.001	0.001		
7			0.014	0.039	0.081	0.177	0.196	0.118	0.035	0.013	0.003		
8			0.003	0.013	0.035	0.118	0.196	0.177	0.081	0.039	0.014		
9			0.001	0.003	0.012	0.061	0.153	0.207	0.147	0.092	0.043	0.002	
10				0.001	0.003	0.024	0.092	0.186	0.206	0.165	0.103	0.010	0.001
11					0.001	0.007	0.042	0.127	0.219	0.225	0.188	0.043	0.005
12						0.002	0.014	0.063	0.170	0.225	0.250	0.129	0.031
13							0.003	0.022	0.092	0.156	0.231	0.267	0.135
14								0.005	0.031	0.067	0.132	0.343	0.366
15									0.005	0.013	0.035	0.206	0.463

図 4-1

二項確率

偶発的な要因のみによってどの程度の割合で，10匹以上のハエを捕まえると期待されますか．

答：0.151あるいは15.1％．10，11，12，…，15の度数を足さなければなりません．注意：表の中の空白部分は小さすぎるために 0 と見なされた確率をあらわします．

10 研究者は，結果が 2 ％以下の可能性で生じた場合のみ帰無仮説を棄却します．帰無仮説を棄却するには蜂蜜によって何匹のハエを捕まえなければなりませんか．図 4-1 を用いなさい．

答：少なくとも12匹．12，13，14，15の度数の合計は，0.017つまり1.7％．11匹以上のハエを捕まえることは，0.059つまり5.9％の可能性で生じ

■4章　仮説検定を行う

ます．それゆえ，最も小さい数が研究者の基準値となります．

11 研究者は蜂蜜で13匹の，酢で2匹のハエを捕まえています．彼の結果は有意ですか．

答：はい．

12 有意な結果の集合は，棄却域と呼ばれます．この場合，棄却域は $p \geq \frac{12}{15}$ です（p が，12/15以上）．$\frac{14}{15}$ は棄却域にありますか．

答：はい．

13 $\frac{12}{15}$ は棄却域にありますか．

答：はい．

14 この実験において $p \geq \frac{12}{15}$ は，＿＿＿＿と呼ばれます．

答：棄却域

仮説検定――割合

15

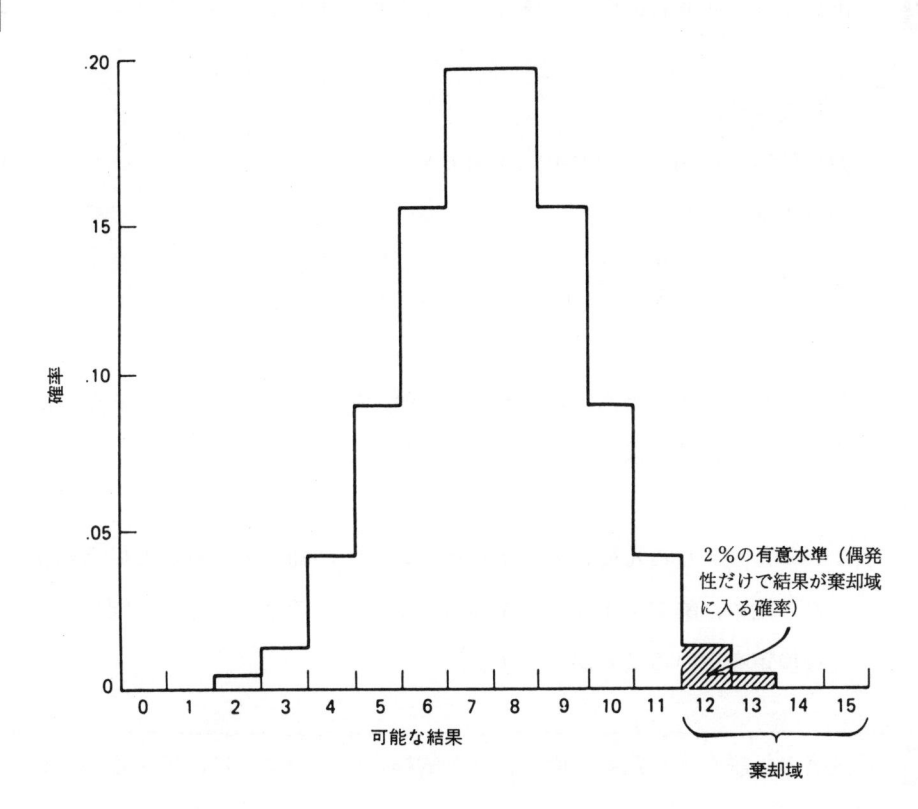

図 4-2
ミバエの確率分布

有意水準は有意な結果が偶然に生じる確率です．この実験において，研究者は＿＿％の有意水準を用いています．

答：2％

16 偶然，棄却域の中に結果が存在する確率は，＿＿＿＿＿と呼ばれます．

答：有意水準

4章 仮説検定を行う

17 以下のように研究者の仮説の統計的検定を整理することができます．

　　帰無仮説　$P=0.5$
　　対立仮説　$P>0.5$（P は0.5よりも大きい）
　　有意水準　2％
　　棄却域　　$p \geqq \dfrac{12}{15}$（p が $\dfrac{12}{15}$ 以上）

実際，もしより多くのハエが蜂蜜よりも酢で捕まえることができるならば，研究者はこの統計的検定からこのことを見つけ出せますか．

答：いいえ．もちろん彼は酢でより多くのハエが捕まえられるという理論から始め，酢で上手くハエを捕まえることができると考え，同じような検定を用いることができます．

18 研究者の仮説を少し定義し直し，統計的検定にどのように影響するのかを見ていきます．「酢と蜂蜜で捕まえるハエの数に違いを得ます」もし酢でのみハエを捕まえることができれば（$P=0$），この理論が正しいことを確信できますか．

答：はい．

19 もし蜂蜜でのみハエが捕まれば（$P=1$），この理論が正しいことを確信できますか．

答：いいえ．

仮説検定――割合

20 この理論を検定するために適切な帰無仮説は何ですか．

答：$P=0.5$

21 以下の中で，どれがこの理論の統計的検定にとっての適切な対立仮説ですか．

(a) $P>0.5$ (P は0.5よりも大きい)
(b) $P<0.5$ (P は0.5よりも小さい)
(c) $P\neq 0.5$ (P は0.5ではない)

答：(c) $P\neq 0.5$

22 以下のイラストの中でどちらがこの統計的検定についての適切な棄却域を示していますか．

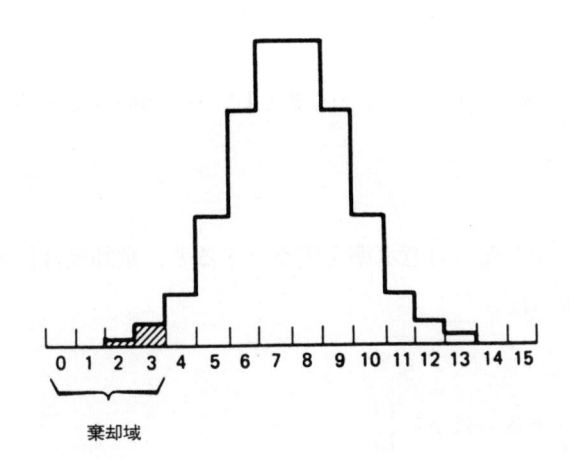

図 4-3a
片側確率分布
棄却域

■4章 仮説検定を行う

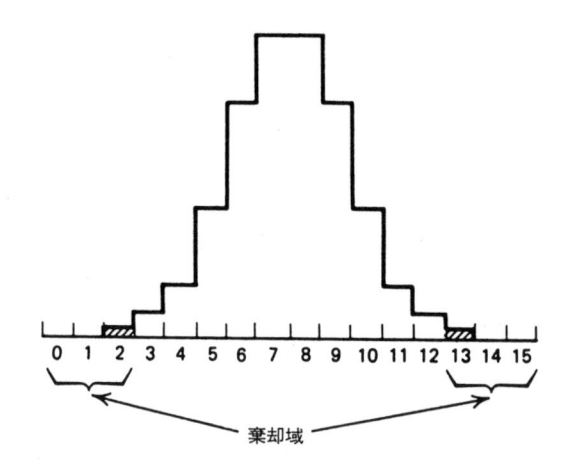

図 4-3b
両側確率分布

答：（b） この場合，とても高い p ととても低い p の両方が対立仮説となるので，帰無仮説を棄却する要因となります．

23 この統計的検定の棄却域を作成するために，標本分布の両端について考えなければなりません．たとえば $p \leqq \frac{3}{15}$（ p は 3/15 以下）あるいは $p \geqq \frac{12}{15}$（ p は12/15以上）と期待される割合はどの程度ですか．

答：0.034 つまり3.4％．0，…，3 と 12，…，15 の度数を足さなくてはなりません．

24 もし研究者が 2％の有意水準を使うとすると，棄却域は何ですか．
p ＿＿＿ あるいは p ＿＿＿

答： $p \leqq \frac{2}{15}$ あるいは $p \geqq \frac{13}{15}$

仮説検定──割合

25 「酢と蜂蜜で捕まえるハエの数に違いが生じる」という理論のための検定を整理しなさい．

　　帰無仮説　_____

　　対立仮説　_____

　　有意水準　2 %

　　棄却域　　_____

　答：帰無仮説　$P=0.5$

　　　対立仮説　$P\neq 0.5$

　　　棄却域　　$p\leq\frac{2}{15}$ あるいは $p\geq\frac{13}{15}$

26 進める前の注意！　仮説の統計的検定は，取り出された標本に含まれる偶発的な変動を考慮に入れています．われわれが行っている実験方法において計画されていない影響を考慮するものではありません．しっかりと計画されていない実験においては，意味のないものに対して統計的に有意な結果を得るかもしれません．たとえば，ミバエの実験を行っている時に，蜂蜜の方向に卓越風（強い季節風）が吹くとします．蜂蜜で13/15のハエ（統計的に有意な結果）を捕まえています．この結果は，酢よりも蜂蜜でより多く捕まえることができるという理論を支持しますか．なぜそう思いますか．

　答：いいえ．実験結果を決定しているものが蜂蜜なのか風の方向なのかを
　　　述べることができません．

27 あなたは，子供が育てられる方法における性別に関する議論について研究しています．ペットの飼い主となることが性別に関係するという理論を検

■ 4章　仮説検定を行う

定したいと思っています．特に，カエルを飼っている人の中で一方の性の子がもう片方よりも多いという理論を検定したいと思っています．適切に選ばれた15人のカエルの飼い主の中の女子の比率 p を数えます．あなたの理論の統計的検定における適切な帰無仮説は何ですか．

答：$P=0.5$

28 適切な対立仮説は何ですか．

答：$P \neq 0.5$．女子あるいは男子の方がカエルを飼うことがより尤もらしいという確固たる予測ができない．

29 5％の有意水準の棄却域を決定するために，フレーム9の図4-1を用いなさい．棄却域は何ですか．

答：$p \leq \dfrac{3}{15}$ あるいは $p \geq \dfrac{12}{15}$

30 女子の方が男子よりもカエルを飼っているという理論を検定したい．適切に選ばれた15のカエルの飼い主の標本における女子の割合 p を数えなさい．5％の有意水準を用いて，あなたの理論にとっての適切な統計的検定を整理しなさい．

帰無仮説　_____
対立仮説　_____
棄却域　_____

答：帰無仮説　$P=0.5$
　　対立仮説　$P<0.5$
　　棄却域　　$p \leq \dfrac{3}{15}$

31 女子の方が男子よりもカエルを飼っているという理論を検定したい．標本は，ガールスカウトの地域集会によって後援されているマリコパ地区カエルジャンプコンテストの参加者25人すべてです．結果は統計的に有意です．これらの結果の意味についてコメントしなさい．

答：実験は，計画が不充分です．すべてのカエルの飼い主が，等しい確率で標本として選ばれるかが確かではありません．その結果，このデータはあなたの理論の検定にとっては無意味なものとなります．

二項分布の棄却値を探すための表計算シートの使用

　おそらく想像しているように，二項分布の起こりうる様々な成功回数の度数を足していくという作業は，表計算ソフトがあなたに代わってできることの一つです．ちょうど z と t の棄却値を探すために表計算シートを用いたのと同じように，二項分布の棄却値を探すことができます．二項分布において NORMINV（　）と同じ機能は CRITBINOM（　）です．「臨界二項（critical binomial）」関数は，与えられた累積標本抽出確率の水準に対応する成功の回数を返してきます．

　臨界二項関数では，結果を得るためには，試行回数（n），帰無仮説の確率（成功率）（P），累積標本抽出確率（棄却水準）（p）を必要とします．そ

■4章　仮説検定を行う

して少なくとも累積標本抽出確率（p）以上となる中で最小の成功回数を返してきます．

	Microsoft Excel	Lotus 1-2-3
Model	=CRITBINOM (n,P,p)	@critbinomial (n,P,p)
試行回数15，P=0.05 5％の累積 p	=CRITBINOM(15,0.5,0.05)	@critbinomial(15,0.5,0,0.5)
試行回数15，P=0.05 98％の累積 p	=CRITBINOM(15,0.5,0.98)	@critbinomial(15,0.5,0.98)

表計算シートは，分布の左端から始まる，累積二項分布確率を分析します．これは正規分布確率と同じ方法です．図4-4 a，b参照．

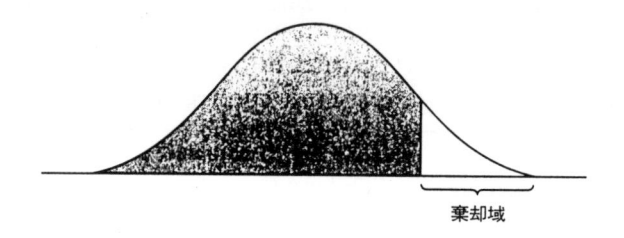

図 4-4 a

二項確率：影になっていない部分が棄却域を表す

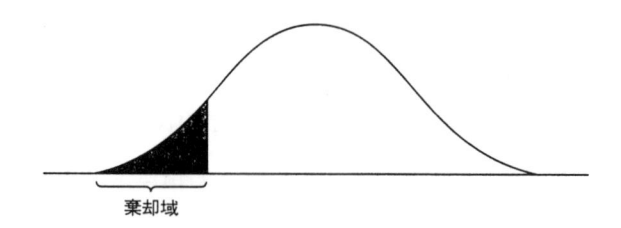

図 4-4 b

二項確率：影の部分が棄却域を表す

カーブの下の影の領域は表計算関数に入力する累積標本抽出確率です．この関数が返してくる数は，累積標本抽出確率で足し合わせていく成功の数を表しています．

　関数を用いるために適切な累積標本抽出確率を選ぶために，この影の領域についての実験を考える必要があります．時には，影となっていない部分が棄却域を表し（図4-4ａ），時には影の部分が棄却域を表します（図4-4ｂ）．

● 影となっていない部分は，棄却域をあらわします．もし高い成功回数が帰無仮説を棄却する状態を表すならば（図4-4ａ），公式に入力する累積標本抽出確率は，1.00から有意水準を引いたものとなります（たとえば2％の有意水準ならば，1.00−0.02＝0.98）．関数が返してくる数は，棄却域の中に入らない中の最大の数です．たとえば，関数が12を返してくるとすると，棄却域は $s \geq 13$ となります．

● 影の部分は棄却域をあらわします．もし低い成功回数が帰無仮説を棄却する状態を表すならば（図4-4ｂ），公式に入力する累積標本抽出確率は，実験で選んだ有意水準に等しくなります．関数が返してくる数は，もはや棄却域の中に入らない最小の数です．たとえば，関数が3を返してくるとすると，棄却域は $s \leq 2$ となります．

● 両側検定．もしあなたの仮説について両側検定を行いたいならば，状況を2つの別の検定として扱い，1つは標本分布の端の低いところで有意水準の半分を，標本分布の端の高いところでもう半分をとります．

32 ミバエの例を表計算シートの公式に適用してみましょう．ミバエの専門家が50回の実験から「酢よりも蜂蜜でより多くのハエを捕まえることができる」との仮説を検定しようとしています．有意水準は2％にしました．棄却域は（影の/影となっていない）領域です．

■4章　仮説検定を行う

答：影となっていない領域．高い成功回数は，帰無仮説を棄却させます．

33 この実験の棄却域を計算するプログラムを作るために表計算シートのセルに入力する公式を書きなさい．（あなたの使っている表計算ソフトで質問に答えなさい．）＿＿＿＿＿＿

答：もし Microsoft Excel を使っているならば，＝CRITBINOM (15, 0.5, 0.98) です．
　もし Lotus 1-2-3 を使っているならば，@critbinomial (15, 0.5, 0.98) です．

34 表計算関数は11という値を返してきています．このことは，この検定にとっての棄却域は＿＿＿＿＿であることを示しています．

答：$p \geq \dfrac{12}{15}$

35 追加練習として，誰がカエルを飼っているのかという質問に戻りましょう．あなたは，女子か男子のどちらのほうがカエルを飼っているかについて確固たる予想を持っていませんが，カエルの飼い主は，両方の性別で等しくはないであろうと思っています．5％の有意水準を用いて25人のカエルの飼い主の無作為グループの仮説に対する適切な検定を準備しなさい．

　　帰無仮説　　$P=0.5$
　　対立仮説　　$P \neq 0.5$
　　有意水準　　5％

仮説検定を行う——平均値

この実験についての棄却域を示す表計算の公式は何ですか．（あなたの使っている表計算ソフトで質問に答えなさい．）＿＿＿＿＿

答：標本抽出確率分布の両端について，2.5%の棄却域を求めなければなりません．
　もしMicrosoft Excelを使っているならば，＝CRITBINOM（25, 0.5, 0.975）と＝CRITBINOM（25, 0.5, 0.025）です．
　もしLotus 1-2-3を使っているならば，@critbinomial（25, 0.5, 0.975）と@critbinomial（25, 0.5, 0.025）です．

36 もしこの公式を使うと，17と8という値を返してきます．棄却域は何ですか．

答：棄却域は，$p \leqq \frac{7}{25}$ あるいは $p \geqq \frac{18}{25}$ です．

仮説検定を行う——平均値

これまで母数 P の理論についての仮説検定の手順を用いてきましたが，μ の理論についても同じ種類の手順を用いることができます．

37 ミバエの研究者は，蜂蜜と酢の混合物をミバエに与えることで，ハエの寿命を変えると考えています．長年の経験から，りんごジュースを普段の食事とした時に，彼が研究しているミバエの特定の品種は，平均寿命が12日で標準偏差は2日です．蜂蜜と酢で50匹のミバエを育て平均寿命を計算し

4章 仮説検定を行う

ようとしています．この理論の統計的検定にとって適切な帰無仮説は何ですか．＿＿＿

答：$\mu = 12$

38 対立仮説は何ですか．

答：$\mu \neq 12$

39 中心極限定理は，大標本（$n > 30$）について以下のように示します．

$$\mu_{\bar{x}} = \mu \quad \sigma_{\bar{x}} = \frac{\sigma}{\sqrt{n}}$$

中心極限定理によって，研究者は帰無仮説にもとづいて標本分布を展開させることができます．ミバエの実験における標本分布の平均値は＿＿＿です．

答：12

40 この標本分布の標準偏差は＿＿＿ $= 0.28$ です．

答：$\dfrac{2}{\sqrt{50}}$

41 このケースにおいて棄却域を構築するための手順は，μ についての信頼区間を構築する方法と同じです．もしミバエの研究者が 1％の有意水準（99％の信頼区間と同じ）を用いるならば，棄却域は何ですか．
$z \geq$ ＿＿＿ あるいは $z \leq$ ＿＿＿．

仮説検定を行う――平均値

答：$z \geq 2.58$ あるいは $z \leq -2.58$

42
$$z_{\bar{x}} = \frac{\bar{x} - \mu_{\bar{x}}}{\sigma_{\bar{x}}} \text{ あるいは } \frac{\bar{x} - \mu}{(\sigma/\sqrt{n})}$$

もし研究者が50匹のミバエの標本について平均寿命が12.5日であると，彼は帰無仮説を棄却できますか．

答：いいえ．$(z = +1.77)$

43 統計的検定を整理しなさい．

　　帰無仮説　　_____

　　対立仮説　　_____

　　棄却域　　　_____

答：帰無仮説　$\mu = 12$
　　対立仮説　$\mu \neq 12$
　　棄却域　　$z \geq +2.58$ あるいは $z \leq -2.58$

44 ある企業が長年にわたって全ての雇用者について簡単な言語能力試験を行ってきました．現在の6,000人全ての雇用者の平均点は50点で標準偏差は10点でした．ある個人研究員は，第一線の監督者のこの試験での点数が雇用者の平均よりも高いという理論を調査したいと思っています．この理論を検定するために，100人の第一線の監督者についての無作為標本を抽出し，試験の平均点を計算します．この問題においては，標本分布の片端（高いか否か）にのみ関心があります．1％の有意水準でこの理論を確かめるために適切な統計的検定を整理しなさい．

■4章 仮説検定を行う

　　帰無仮説　_____
　　対立仮説　_____
　　棄却域　　_____

答：帰無仮説　$\mu=50$
　　対立仮説　$\mu>50$
　　棄却域　　$z\geqq+2.33$

45 もし標本の平均点が53点ならば結果は有意ですか．もし必要ならば，巻末の表Ⅰにある公式を参照しなさい．

答：はい．

$$z_{\bar{x}}=\frac{\bar{x}-\mu_{\bar{x}}}{\sigma_{\bar{x}}}=\frac{\bar{x}-\mu}{\left(\frac{\sigma}{\sqrt{n}}\right)}=\frac{53-50}{\left(\frac{10}{\sqrt{100}}\right)}=3.0$$

46 3章で学習したようにzの棄却値を探すために表よりも表計算ソフトを使うことができます．フレーム44で書かれた実験にとってのzの棄却値を求めるための公式は何ですか．（あなたの使っている表計算ソフトで質問に答えなさい．もし必要ならば，3章にもどって参照しなさい）_____

答：もしMicrosoft Excelを使っているならば，＝NORMINV（0.01, 0, 1）です．

　もしLotus 1-2-3を使っているならば，@normal（0.01, 0, 1, 1）です．

142

エラーの確率

統計的手順を用いて理論を検定する場合，常に無作為に選ばれた標本の異常値によってあなたを迷わせる確率が存在します．エラー（過誤）の可能性は取り除けませんが，エラーの可能性がどの程度の大きさであるかを計算し，必要であれば，エラーを受け入れられる限界内に保つように実験を変えることができます．

47 ある理論の統計的検定は，決して完全に確実な結論をもたらすわけではありません．実験が完璧に計画されている時でさえ，2種類のエラーがあります．

第1種の過誤　その理論は正しくはないが（帰無仮説が正しい），結果が偶然に有意となる．
第2種の過誤　その理論は正しいが（帰無仮説は間違い），結果が有意ではない．

例えば，もし5％の有意水準を用いると，偶然に5％は有意な結果を得ます．これは，第____種の過誤です．

答：第1種の過誤

48 第1種の過誤は，理論が（正しい/間違い）で，結果が（有意である/有意でない）時に生じます．

■4章 仮説検定を行う

答：間違い
　　有意である

49 もし理論が正しく，結果が有意ではないならば，第____種の過誤が生じています．

答：2

50 第2種の過誤は，理論が（正しく/間違いで），結果が（有意である/有意でない）時に生じます．

答：正しく
　　有意でない

51 第1種と第2種の過誤に対応する状況をそれぞれ選びなさい．
（a）　理論　間違い，結果　有意
（b）　理論　正しい，結果　有意
（c）　理論　間違い，結果　有意でない
（d）　理論　正しい，結果　有意でない

答：（a）　理論　間違い，結果　有意．第1種の過誤
　　（b）　理論　正しい，結果　有意でない．第2種の過誤

52 2つの教授法の違いについて，100の同じような研究において，75の研究は2つの方法の違いは有意であるとの結果ですが，25は違いが有意ではありません．もしすべての研究がうまく計画されていると信じているならば，おそらくあなたは違いが有意ではなかった25の研究については第____種の

過誤の例であると考えるでしょう．

答：2

53 白いねずみの食欲への特殊な薬の効果を判断するための75の研究結果があります．標本の大きさにはバラエティがあり，食欲の測度にはいくつか異なったものが使われています．この研究の中で4つは5％水準で有意な結果を示しています．ここに含まれるかもしれないのはどちらのタイプの過誤ですか．_____

答：第1種の過誤．多数の研究の中で，ある程度は偶発性だけで有意な結果を得ると期待されます．

54 あなたが使っている有意水準は，第__種の過誤の確率を決定するものです．

答：1

55 1％の有意水準における第1種の過誤の確率は_____です．

答：0.01（1％）

56 ギリシャ文字のアルファ（α）は，第1種の過誤についての確率の記号として使われます．統計的検定において5％の有意水準を用いるならば$\alpha=0.05$です．統計的検定において2％の有意水準を用いるならば_____です．

答：$\alpha=0.02$

■4章 仮説検定を行う

57 ギリシャ文字のベータ（β）は，第2種の過誤についての確率の記号として用いられます．それゆえ第1種の過誤の確率の記号は＿＿で，第2種の過誤の確率の記号は＿＿です．

答：α
　　β

58 β は，第＿＿種の過誤についての確率です．α は，第＿＿種の過誤についての確率です．

答：2
　　1

59 もし研究者の理論が正しければ，β はとても大きくなり，統計的検定によってその理論を証明する力が，（優れている/劣っている）．

答：劣っている．第2種の過誤を起こしやすい．

60 β を参考にする代わりに，研究者は時折「検出力（power）」という言葉を用います．検出力は（$1-\beta$）です．低い β による統計的検定は（高い/低い）検出力を持ちます．

答：高い

61 第2種の過誤の高い確率が存在する統計的検定は（高い／低い）検出力を持ちます．

答：低い

62 統計的検定において検出力が高いことは良いことだと言えますか．

答：はい．もしあなたの理論が正しければ，あなたの理論が正しいことを確信する可能性が高まります．

63 真の状態について仮定を置くことで，統計的検定の検出力を決定することができます．たとえば，この章のはじめで取り上げた「酢よりも蜂蜜のほうが多くのハエを捕まえることができる」という理論の検定について考えてみましょう．思い出されるように，実験では，15匹のハエを捕まえて，酢に対する蜂蜜で捕まえられる数を数えていきました．2％の有意水準が選ばれました（$\alpha = 0.02$）．

帰無仮説　$P = 0.5$
対立仮説　$P > 0.5$
棄却域　$p \geq \dfrac{12}{15}$

帰無仮説を棄却するためには，少なくとも蜂蜜によって15匹中____匹を捕まえなければなりません．

答：12

64 もしすべてのハエについて検定することができるならば，80パーセントが蜂蜜を好む（$P = 0.8$）と仮定しましょう．今，この母集団から15匹の標本についての標本分布を得るために二項確率表を用いることができます．分布は，以下に見られるものです．

■4章　仮説検定を行う

14		0.05	0.1	0.2	0.25	0.3	0.4	0.5	0.6	0.7	0.75	0.8	0.9	0.95
15	0	0.463	0.206	0.035	0.013	0.005								
	1	0.366	0.343	0.132	0.067	0.031	0.005							
	2	0.135	0.267	0.231	0.156	0.092	0.022	0.003						
	3	0.031	0.129	0.250	0.225	0.170	0.063	0.014	0.002					
	4	0.005	0.043	0.188	0.225	0.219	0.127	0.042	0.007	0.001				
	5	0.001	0.010	0.103	0.165	0.206	0.186	0.092	0.024	0.003	0.001			
	6		0.002	0.043	0.092	0.147	0.207	0.153	0.061	0.012	0.003	0.001		
	7			0.014	0.039	0.081	0.177	0.196	0.118	0.035	0.013	0.003		
	8			0.003	0.013	0.035	0.118	0.196	0.177	0.081	0.039	0.014		
	9			0.001	0.003	0.012	0.061	0.153	0.207	0.147	0.092	0.043	0.002	
	10				0.001	0.003	0.024	0.092	0.186	0.206	0.165	0.103	0.010	0.001
	11					0.001	0.007	0.042	0.127	0.219	0.225	0.188	0.043	0.005
	12						0.002	0.014	0.063	0.170	0.225	0.250	0.129	0.031
	13							0.003	0.022	0.092	0.156	0.231	0.267	0.135
	14								0.005	0.031	0.067	0.132	0.343	0.366
	15									0.005	0.013	0.035	0.206	0.463

図4-5

二項確率

この母集団から蜂蜜で12匹以上ハエを捕えることができる確率はどの程度ですか．

答：0.648つまり約65％

65 対立仮説 $P=0.8$ に対する検定の検出力は0.648であると言えます．この場合帰無仮説を棄却する可能性は0.648です．それゆえ間違って棄却する可能性は＿＿＿です．

答：$1-0.648=0.352$

66 もし $P=0.8$ ならば，この統計的検定において，第2種の過誤の割合はどの程度ですか．

$\beta=$ ＿＿＿．

答：0.352つまり約35％．

67 対立仮説$P=0.9$に対するこの検定の検出力は何ですか．同じ理由で，$P=0.9$についての標本分布を用いなければなりません．

答：対立仮説$P=0.9$に対する検定の検出力は0.945です．

あなたは，この本の中でカバーされている平均値についての統計的検定とその他の統計的検定について同じような計算を行うことができます．計算の細部は示しませんが，過程のロジック（論法）はこれまで考えてきた単純なケースと同じです．対立仮説にとっての理論的な標本分布を作成するためには対立仮説について十分な仮定を立てなければなりません．たとえば，平均値の検定にはμとσの値を仮定しなければなりません．そして，新しい仮定の下でどの程度有意な結果を得られるのかを決定するための統計的検定のために作られた棄却域によってこの新しい分布を比較します．

68 第2種の過誤の確率に影響する3つの要因は，有意水準，標本の大きさ，母集団の散布度です．大きなαは小さなβを引き起こします．たとえば0.05のαは，0.01のαよりも（大きな/小さな）第2種の過誤のリスクを引き起こします．

答：小さな．帰無仮説が正しくはない時により棄却しやすくなります．

69 0.05のαは，0.01のαよりも（大きな/小さな）第1種の過誤のリスクを引き起こします．

答：大きな．

■4章 仮説検定を行う

70 大きな標本は，相対的に第2種の過誤のリスクをより小さくします．与えられた対立仮説に対する β は，（35 or 100）の n でより大きくなります．

答：35

71 もし母集団が相対的に大きな標準偏差をもっているならば，β は相対的に大きくなります．どちらの状態のほうが，第2種の過誤のリスクはより大きくなりますか．
　　（a）　σ が約2
　　（b）　σ が約10

答：（b）

72 その他の事情が等しい時，統計的検定の検出力は（0.05 or 0.01）の α の方がより大きくなります．

答：0.05

73 その他の事情が等しい時，統計的検定の検出力は（30 or 75）の n の方がより大きくなります

答：75

74 その他の事情が等しい時，統計的検定の検出力は，データの標準偏差が（5 or 25）の範囲でより大きくなります．

答：5

75 制癌剤の持つ可能な効用についての調査をしています．これらの効果はどれも有害ではないですが，良い効果があるのかについては不確かです．もし結果が与えられた薬について有意ならば，さらなる集中的な調査対象となります．もし結果が有意でなければ調査は打ち切られます．どちらの過誤（エラー）をよりを避けるでしょうか（第1種/第2種）．

答：第2種．このエラーは，有益な薬を放棄することを意味します．第1種の過誤は，さらなる調査において努力の無駄遣いを行うに過ぎません．

76 この状況において，おそらくあなたは（0.05 or 0.001）の α を選ぶでしょう．

答：0.05

77 あなたは，あなたの分野において受け入れられているすべての理論に完全に反論する理論を研究しています．いくつかの小標本の予備的研究において，5％水準で有意な結果を得ています．今，あなたはとても大きな標本で実験を計画しています．データの標準偏差が相対的に小さくなるように，測定方法の改善を行っていきます．あなたはおそらく（0.05 or 0.01）の α を選ぶでしょう．

答：0.01．この場合，第1種の過誤を避けることにより関心があります．

自己診断テスト

　もしうまくこの章を完成させているならば，今あなたは，ある理論の正式な統計的検定を設定することができます．あなたは以下のことができる

■ 4章　仮説検定を行う

ようになっています．
● 帰無仮説と対立仮説を設定する．
● P についての仮説を検定するために p についての棄却域を構築する．
● μ についての仮説を検定するために $\bar{x}$ についての棄却域を構築する．
● 与えられた状況における第1種と第2種の過誤の現実的な重要性についてコメントする．

では，これらの復習問題に挑戦してみましょう．巻末の表Ⅰに参照するのに必要な公式を載せています．

1．「我々の理論に基づく実験を行い，その結果は，統計的に1％水準で有意であった．それゆえ我々の理論は，最終的に正しいことが確信された」この主張にコメントしなさい．

2．「この提案された実験において，第2種の過誤が生じる確率がとても高くなるので，データを集める努力に価値はない」これは何を意味しますか．

3．ある透視者がコインが表を向くか裏を向くかを予測できると言い張っています．彼が主張していることを検定するための実験で，コインが10回投げられ，8回は正確に予測しました．適切な統計的検定の概要を述べなさい．これらの結果は5％水準で有意ですか．

4．問題3の実験において，偶然に8回以上正しい予測が得られるのはどの程度の割合であると期待されますか．

5．ある古代文明において，埋葬遺跡の多数の骨格から測定して判断された成人男子の平均身長は5フィート2インチで，標準偏差は2インチでした．他のものとはいくらか異なった新しい遺跡が発見されています．発見者は，この遺跡での骨格は平均身長が異なることから，遺伝学的に異なるグループであると推論しています．1％の有意水準での適切な統計的検定の概要を述べなさい．

答 問題を復習するためには，答の後に示されたフレームを学習しなさい．

1. 統計的検定は，その結果が標本を行う時に含まれる偶発的な変動の結果，生じたのもではないことを示しています．しかしながら，実験者の理論がその結果のただ1つの合理的な解釈であるということを確かなものとするために注意深く実験の計画を吟味しなければなりません．たとえ実験計画が完全であっても理論が正しくはない可能性が1％存在します．フレーム26，31，47から77参照．

2. たとえその理論が本当でも，帰無仮説を棄却しない結果は得られにくいです．それゆえ，あなたは有意な結果を得にくいです．フレーム47から77参照．

3. 正しい予測を成功と呼びましょう．だいたい偶然に正しく予測する確率は1/2です．

　　　　帰無仮説　　$P = 0.5$
　　　　対立仮説　　$P > 0.5$
　　　　有意水準　　$\alpha = 0.05$
　　　　棄却域　　　$p \geq 9/10$

　　$p = \dfrac{8}{10}$ なので，結果は有意ではありません．フレーム1から31参照．

4. 二項確率表における確率は以下のとおりです．

　　　　8　　0.044
　　　　9　　0.010
　　　10　　0.001
　　　　　　0.055

　　8回以上成功すると5.5％期待されます．2章のフレーム52から71参照．

5. 　帰無仮説　　$\mu = 5$ フィート2インチ
　　　対立仮説　　$\mu \neq 5$ フィート2インチ

■4章　仮説検定を行う

　　有意水準　　$\alpha = 0.01$

　　棄却域　　　$z \leqq -2.58$ あるいは $z \geqq +2.58$

フレーム32から46参照．

5章　平均値の差

　この章は，2組の観測値についての平均値の差を分析するために用いることができる統計的検定について述べたものです．これから2つの状況について学習していきます．一つは，観測値が対になっているケースです．たとえば，「事前」と「事後」の観測値，あるいはあなたが研究を行っている1つの要因による効果を除いて，注意深く統一させた状況の観測値を持っているケースです．もう1つのケースは，1組の無作為に選ばれた2つの標本です．

　これらのそれぞれのケースにおいて，標本の差が偶発的な変動で説明されるものか，あるいは帰無仮説を棄却し，経験に基づく仮説が支持されるのかを確かめるために統計的検定を用いることができます．

　この章を完成させると，以下のことができるようになります．

- 1組の差のスコアの有意性を検定する．
- 2つの独立した標本の平均値ついての差の有意性を検定する．
- 独立したいくつかの標本を持っているのか，差のスコアを持っているのかを認識し，それぞれに対して適切な検定の手順を適用する．

差のスコア

　差のスコアとは，たとえば「双子A」と「双子B」，あるいは「事前」と「事後」といった2つの関係した観測値から得られる結果です．この種の1組のデータを取り扱っている場合，統計的な分析がそのペアのスコアの

■5章　平均値の差

差に基づいていることを知っておくことは大切です．

1 一般的な実験研究の一つのタイプは，「事前」と「事後」の研究です．例を考えてみましょう．グレープフルーツと全麦のトーストだけの食事を続ければ，体重が減るという理論を検定したいと思っています．この理論を検定するために，49人の標本を選んで，研究のはじめに体重を測り，ダイエットを行った後で再び体重を測ります．差のスコアを得るために，それぞれの人について「事後」の体重から「事前」の体重を引きます．たとえば，研究のスタート時点では125ポンドで，研究の最終時点では118ポンドの人は____の差のスコアを持ちます．
＊1ポンド＝約453g

答：－7

2 研究のスタート時点では140ポンドで，（かれは全麦トーストが大好きだったので）最終時点では150ポンドの人は，____の差のスコアを持ちます．

答：＋10

3 もしこのダイエットが差を生じさせないならば，母集団の差のスコアの平均値は____です．

答：ゼロ．

4 もしこのダイエットで体重が減るならば，差のスコアの平均値は____です．

答：ゼロ未満（負）．

5 このダイエットで体重が減るという我々の理論を統計的に検定するために適切な帰無仮説は何ですか．

答：母集団における差のスコアの平均値はゼロ．

6 適切な対立仮説は何ですか．

答：母集団における差のスコアの平均値がゼロ未満．

7 もし帰無仮説に基づく理論標本分布を作成することができるならば，我々の理論の統計的検定を行うことができます．もしダイエットの効果がなければ，差のスコアの母集団は何かを考えましょう．差のスコアの平均値はゼロであると述べてきました．このことは，そのダイエットを忠実に行っている全ての人の差のスコアがゼロであることを意味するものですか．

答：いいえ．何人かはダイエット以外の理由で体重が減ることもあるいは増えることもあります．ダイエットを行った人が十分に多数存在すると，これらの変動は平均ゼロとなるように相殺されていく傾向にあるでしょう．

8 平均値についての仮説を検定した上の問題において，あなたの帰無仮説は平均値と標準偏差が分かっている母集団に基づいていました．この場合，帰無仮説は理論的な分析に基づいています．もしダイエットの効果がなければ，差のスコアの母集団の平均値はゼロでなければならないと言えますが，この母集団が取るべき標準偏差について述べるための理論的根拠を持っていません．それゆえ σ の推定値を得るために標本を使わなければなりません．用いる統計量は何ですか．

■5章 平均値の差

答：s

9 次の公式を思い出しましょう．
$$\sigma_{\bar{x}} = \frac{\sigma}{\sqrt{n}}$$
この場合 σ が分からないので，われわれの最良の推定値は，$s_{\bar{x}} = \underline{\qquad}$ です．

答：$\dfrac{s}{\sqrt{n}}$

10 $\sigma_{\bar{x}}$ の推定値を用いて z スコアを計算し，われわれの仮説を検定することができます．

　　帰無仮説　$\mu = 0$
　　対立仮説　$\mu < 0$
　　有意水準　$\alpha = 0.05$
　　棄却域　　$z \leq -1.65$

われわれの標本より，以下の統計量が得られています．
　　$n = 49$
　　$\bar{x} = -5.0$
　　$s = 3.5$

z スコアを計算しなさい．
$$z = \frac{\bar{x} - \mu}{s_{\bar{x}}} = \frac{\bar{x} - \mu}{s/\sqrt{n}} = \underline{\qquad}$$

結果は統計的に有意ですか．

答：
$$z=\frac{-5.0-0}{3.5/\sqrt{49}}=\frac{-5.0}{3.5/7}=\frac{-5.0}{0.5}=-10.0$$

結果は有意です．

11 この例では，σ の推定値として s を用いました．この推定値は標本の大きさが_____場合にのみ用いても良いものです．

答：30よりも大きい

12 この仮説検定を行うの手順を復習しましょう．この場合帰無仮説に従えば，

$\mu=$_____

$\sigma=$_____

答：$\mu = 0$

$\sigma=3.5$

13 $\alpha=0.05$ の有意水準を用いて，$z\leq-1.65$ の棄却域を作成しなさい．もし帰無仮説が正しく，同じ実験を何度も繰り返すと，棄却域に存在する z スコアを持つ標本の平均値得られる割合はどの程度ですか．

答：5パーセント

14 もし対立仮説 $\mu<0$ が正しければ，棄却域にある z スコアを持つ標本の平均値は，より（多く/少なく）なると期待されます．

答：多く

5章　平均値の差

同じ問題に対する異なったアプローチでは，μ の信頼区間を作成するために $\bar{x}$ と s を用います．信頼区間の公式は，

$$\bar{x} \pm z_0\left(\frac{s}{\sqrt{n}}\right) = -5 \pm 1.65\left(\frac{3.5}{\sqrt{49}}\right) = -5 \pm 0.825$$

μ は，90％の信頼で-5.825から-4.175の間にあります．
μ が-5.825以下のケースについても理論を確信できるので，95％の信頼で $\mu \leq -4.175$ となると言うことができます．明らかに，少なくとも95％の信頼で $\mu < 0$ となります．ちょうど却域の限界上（$z=-1.65$）にある $\bar{x}$ は，$\mu < 0$ に対して精密に95％の信頼を与えます．

15 30よりも大きな標本で，我々の用いてきた方法は有効となります．より小さな標本については，母集団の差のスコアがほぼ正規に分布すると仮定することで，t 分布によって同じ方法を用いることができます．たとえば，ある心理学者はある記憶訓練が意味を持たない音節を記憶する児童の能力に影響を与えると考えています．訓練を行う前に意味を持たない音節のリストを用いて25人の児童のクラスでテストを行い，訓練後にも同じリストでテストを行い，それぞれの児童について差のスコアを求めます．心理学者は結果について t 検定を使う前に，差のスコアが＿＿＿＿＿＿かをチェックしなければなりません．

答：ほぼ正規に分布している

t 値の数学的な導出において，母集団が正規に分布していると仮定されています．実際には t 検定は，分布が全く正規分布とは異なっている時でさえ，激しく歪んでいなければ通常正しい結論を導きます．

差のスコア

16 もしこの心理学者が，差のスコアが正規分布とかなり異なっていると考えるならば，結果に対して統計的検定を行うことができるのを確かめるために，実験を計画する時にできることは何ですか．

答：より大きな標本を用いること

17 差のスコアは，この例の中で正規に分布する傾向にあると仮定します．以下に適切な統計的検定の概要を述べなさい．1％の有意水準を用いて，標本分布の両端について考えなさい．棄却域を作成するために，t 表（本の後ろの表V）を用い，df$=n-1$ を思い出してください．

　　帰無仮説　_____
　　対立仮説　_____
　　有意水準　_____
　　棄却域　　_____

答：帰無仮説　$\mu = 0$
　　対立仮説　$\mu \neq 0$
　　有意水準　$\alpha = 0.01$
　　棄却域　　$t \geq +2.80$ あるいは $t \leq -2.80$

18 以下の公式を参照しなさい．

$$t = \frac{\bar{x} - \mu}{s/\sqrt{n}}$$

実験者は以下のデータを集めています．テスト前とテスト後の差の平均値は-5ポイントです．標本の差のスコアの標準偏差は20ポイントです．結果は有意ですか．

■5章 平均値の差

答：いいえ．
$$t = \frac{-5}{20/\sqrt{25}} = \frac{-5}{4} = -1.25$$

19 差のスコアは常に事前と事後のスコアの差ではありません．たとえば，以下の状況を考えてください．知能テストのスコアにおける環境の効果を研究しています．一人は施設で，もう一人は養子になり家族の中で育った5組の一卵性双生児の観察をしています．すべての双子にテストを行い，以下の結果が得られています．

ペア番号	家族の中で育った子供	施設で育った子供	差
1	105	95	−10
2	95	83	−12
3	103	103	0
4	98	96	−2
5	103	97	−6

これらの差のスコアは正規に分布していると無理なく仮定できますか．これらが正規に分布していないという明らかな証拠はありません．多くの研究者は t 検定を受け入れるでしょう．しかしながら，あなたは，この仮定が非常に限られた観測結果に基づいていることを覚えておかなければなりません．環境の違いが，これらの一卵性双生児の知能テストにおける違いを生むという理論についての適切な統計学的検定の概要を述べなさい．5％の有意水準を使いなさい．t 表は巻末の表Vにあります．

帰無仮説　_____
　　　対立仮説　_____
　　　有意水準　_____
　　　棄却域　　_____

　答：帰無仮説　$\mu = 0$
　　　対立仮説　$\mu \neq 0$
　　　有意水準　$\alpha = 0.05$
　　　棄却域　　$t \geq +2.78$ あるいは $t \leq -2.78$

20 以下の公式を見てください．

$$\bar{x} = \frac{\sum x}{n}, \quad s = \sqrt{\frac{\sum(x-\bar{x})^2}{n-1}}$$

t を計算するためには，標本の平均値と標準偏差を分かっている必要があります．上の参照した公式を用いて，$\bar{x}$ と s を計算しなさい．（巻末の表II，平方根表を使いなさい）

　$\bar{x} =$ _____
　$s =$ _____

■5章 平均値の差

答：
$$\bar{x} = \frac{-30}{5} = -6.0$$

$$s = \sqrt{\frac{104}{4}} = \sqrt{26} = 5.1$$

21 t を計算することで t 検定を完成させなさい．双子のスコアの差は統計的に有意ですか．

答：
$$t = \frac{\bar{x} - \mu}{s/\sqrt{n}} = \frac{-6.0 - 0}{5.1/\sqrt{5}} = \frac{-6}{2.3} = -2.61$$

差は統計的に有意ではありません．あなたの統計的検定は，環境が知能テストのスコアに影響するという理論を支持していません．

22 この実験において，結果は有意ではありません．しかし，10%水準においては，十分に偶然に生じていないと言えます．標本の大きさが小さいです．この場合，第1種あるいは第2種の過誤の可能性について何か言えますか．

答：第2種の過誤の可能性が大きい．この統計的検定は，真の理論を棄却させているかもしれません．

2つの独立した標本平均の差

2つの独立した標本を比較するための適切な統計的な分析は，差のスコアを検定する時に学んできた手順とは異なります．

23 実験的な研究の一般的な方法は，実験標本と対照標本を比較することです．

たとえば，豆の茎の成長へのある植物ホルモンの効果に関心がある実験者が，一列おきに豆にホルモンを与え，残りの半分については与えていません．それぞれの豆の茎の高さを測り，そして豆の茎の2つの標本の間で高さの平均の違いが有意であるのかを判断するために統計的検定を用います．この研究は，差のスコアの研究で用いられた個々の標本同士のマッチングといった種類のものではありません．ホルモンを与えたグループのある豆の選択は，他方のグループについてどの豆が選ばれるかについていかなる情報も与えません．

ダイエットを行っている人の中のある1人の「事前」の体重を選ぶことは，「事後」の標本の構成に対して何か言うことができますか．

答：はい．「事後」の標本は，「事前」と同じ人を対象にしています．

24 上のどちらの問題において2つの標本が独立であると言えますか．
(a) 豆の問題
(b) ダイエットの問題

答：(a) 豆の問題

25 豆の問題において，2つの独立な標本は同じ平均値の母集団からのものであるという帰無仮説を検定することができる統計的検定があります．μ_1 をホルモンを与えた植物の高さの平均値として，μ_2 を与えなかった植物の高さの平均値としましょう．帰無仮説は次のように設定します．

帰無仮説　$\mu_1 = \mu_2$

対立仮説はどのように設定しますか．

■5章　平均値の差

答：$\mu_1 \neq \mu_2$

26 もし実験者が，その植物ホルモンは豆の茎の成長を妨げるという理論を持っているならば，対立仮説をどのように設定しますか．μ_1はホルモンを与えた植物をあらわすことを思い出してください．

答：$\mu_1 < \mu_2$

27 もし両方の標本が大きければ，平均値の間の差についてのzスコアを計算することができます．もし標本が小さければ，特定の仮定が正しいとすることで，tスコアを計算するために同じ方法を使うことができます．ここで用いる公式の数学的な導出について説明は行いません．最終結果は，適切な表を用いることで比較することができるzスコアあるいはtスコアとなります．大標本のケースから始めましょう．実験者はこのホルモンは豆の成長を妨げると予測する理論をもつため，標本分布の片端のみに関心があります．0.01の有意水準を用います．標本はそれぞれ100の豆の茎となっています．適切な統計的検定の概要を述べなさい．

　　帰無仮説　_____
　　対立仮説　_____
　　有意水準　_____
　　棄却域　　_____

答：帰無仮説　$\mu_1 = \mu_2$
　　対立仮説　$\mu_1 < \mu_2$
　　有意水準　$\alpha = 0.01$
　　棄却域　　$z \leq -2.33$

28 2つの平均値の間の差についての z スコアを計算するために用いられる公式は以下です．

$$z = \frac{\bar{x}_1 - \bar{x}_2}{\sqrt{s_1^2/n_1 + s_2^2/n_2}}$$

以下のデータについて z スコアを計算しなさい．

標本1 (ホルモンを与える)	標本2 (ホルモンを与えない)
$n_1 = 100$	$n_2 = 100$
$\bar{x}_1 = 27$ インチ	$\bar{x}_2 = 29$ インチ
$s_1 = 5$ インチ	$s_2 = 4$ インチ

答： $z = -3.12$

$$z = \frac{27 - 29}{\sqrt{5^2/100 + 4^2/100}} = \frac{-2}{\sqrt{25/100 + 16/100}} = \frac{-2}{\sqrt{0.41}} = -3.12$$

実験者の理論は統計的検定によって支持されています．ホルモンが与えられた豆の茎は有意に短くなっています．

29 以下の公式を見てください．

$$z = \frac{\bar{x}_1 - \bar{x}_2}{\sqrt{s_1^2/n_1 + s_2^2/n_2}}$$

ある工場長は，2つの業者から受け取るスペア部品の品質の差に疑いを持っています．彼は，2つの業者による無作為な部品の標本の有効期間について以下のようなデータを得ています．

■5章 平均値の差

業者A	業者B
$n_1=50$	$n_2=100$
$\bar{x}_1=150$	$\bar{x}_2=153$
$s_1=10$	$s_2=5$

1％の有意水準を用いて適切な統計的検定の概要を述べ，z を計算しなさい．2つの標本の間の差は統計的に有意ですか．

答：帰無仮説　$\mu_1=\mu_2$
　　対立仮説　$\mu_1 \neq \mu_2$
　　有意水準　$\alpha=0.01$
　　棄却域　　$z \geq +2.58$ あるいは $z \leq -2.58$

$$z=-2.0 \text{ (有意でない)}$$
$$z=\frac{150-153}{\sqrt{10^2/50+5^2/100}}=\frac{-3}{\sqrt{2+0.25}}=\frac{-3}{1.5}=-2.0$$

2つの業者の部品は有意に異なってはいません．

30 小標本でこのタイプの検定を使うためには，2つの仮定を置かなければなりません．
（a）対象となる2つの母集団は正規に分布している．
（b）母集団の標準偏差は等しい．つまり，$\sigma_1=\sigma_2$ である．

母集団が分からないので，もしこれらの仮定が妥当であっても決して確信できませんが，データを見ることでそれらの妥当性についていくらか判断

を行うことができます．たとえば，以下のケースを考えます．

> ケース1　以下の標本の間の差の有意性について検定します．
>   標本1　1, 4, 6, 8, 10, 11, 12, 14, 16, 18
> $\bar{x}=10$, $s=5.4$
>   標本2　2, 5, 6, 8, 11, 13, 14, 15, 17, 20
> $\bar{x}=11.1$, $s=5.7$
>
> ケース2　以下の標本の間の差の有意性について検定します．
>   標本1　1, 4, 6, 8, 10, 11, 12, 14, 16, 18
> $\bar{x}=10$, $s=5.4$
>   標本2　1, 1, 2, 2, 2, 3, 5, 10, 24, 38
> $\bar{x}=8.8$, $s=12.4$

どちらのケースが仮定(a)により適合しますか．(ケース1/ケース2)

答：ケース1．ケース2において，標本2は歪んでいます．

31 どちらのケースが仮定(b)により適合しますか．(ケース1/ケース2)

答：ケース1．ケース2における2つの標本についてのsの値は，まったく異なっています．1つの値がもう1つの2倍以上となっています．

32 2つの独立した小さな標本の平均値の間の差の有意性を検定するためにtを用いることは2つの仮定を含んでいます．
　(a)　両方の分布は_____です．
　(b)　母標準偏差は_____．

5章 平均値の差

答：（a） 正規

（b） 等しい

実際に，この t 検定は通常 2 つの標本の大きさが等しく，分布が強く歪んでいない時に正しい結論を導きます．

33 2 つの平均値の差についての t スコアを計算するために使われる公式は，

$$t = \frac{\bar{x}_1 - \bar{x}_2}{\sqrt{s^2/n_1 + s^2/n_2}}$$

この公式の中で s^2 は，両方の標本を合わせた s に基づく母分散（σ^2）のプールされた推定値です．s^2 の計算のための公式は，

$$s^2 = \frac{(n_1-1)s_1^2 + (n_2-1)s_2^2}{n_1+n_2-2}.$$

以下のデータの t スコアを計算しなさい．

標本 1	標本 2
$n_1 = 10.0$	$n_2 = 10.0$
$\bar{x}_1 = 10.0$	$\bar{x}_2 = 11.1$
$s_1 = 5.4$	$s_2 = 5.7$

答：

$$s^2 = \frac{9(5.4)^2 + 9(5.7)^2}{10+10-2} = \frac{9[(5.4)^2 + (5.7)^2]}{18} = \frac{29.16 + 32.49}{2} = \frac{61.65}{2} = 30.825$$

$$t=\frac{10.0-11.1}{\sqrt{30.825/10+30.825/10}}=\frac{-1.1}{\sqrt{61.65/10}}=\frac{-1.1}{\sqrt{6.17}}=\frac{-1.1}{2.48}=-0.44$$

34 t 表を用いる時には，自由度を考慮しなければなりませんでした．1つの標本のみを用いる時には，df$=n-1$ ですが，2つの標本を持っている時にはそれぞれの標本の自由度を足さなければなりません．この時には df$=(n_1-1)+(n_2-1)$ あるいはもっと簡単に df$=n_1+n_2-2$ となります．フレーム33の問題において自由度はいくつですか．

答：18（$=10+10-2$）

35 以下の統計的検定に従って，フレーム33の問題における棄却域を作成しなさい．(df$=18$)

　　帰無仮説　　$\mu_1=\mu_2$
　　対立仮説　　$\mu_1\neq\mu_2$
　　有意水準　　$\alpha=0.05$
　　棄却域　　＿＿＿＿

答：$t\geq+2.10$ あるいは $t\leq-2.10$

■5章　平均値の差

表計算シートのt検定関数

正規分布とt分布の棄却値を探す方法に加えて，表計算ソフトには，自動化されたt検定へのフルサービスがあります．

　t検定関数を使う場合，2組の標本データが含まれている範囲，あなたの行いたい検定のタイプ，そして，片側あるいは両側検定を定義します．この時，表計算ソフトは差が無いという帰無仮説に対する標本結果の確率を計算します．

公式は以下のとおりです．

Microsoft Excel	Lotus 1-2-3
=TTEST (配列1, 配列2, 尾部, type)	@ttest (範囲1, 範囲2, type, 尾部)

尾部　1：片側検定　　＊配列(Excel)，範囲(Lotus)は，それぞれデータ
　　　2：両側検定　　　が入力された範囲を示します．

Type は，以下のとおりです．

	Microsoft Excel	Lotus 1-2-3
対のデータ	Type 1	Type 2
ほぼ等しい分散で独立な標本	Type 2	Type 0

（基本的なt検定の仮定を満たすことができない状況に適応する分散不均一と呼ばれる3番目のタイプは，この本では学習しません．）

表計算シートのt検定関数

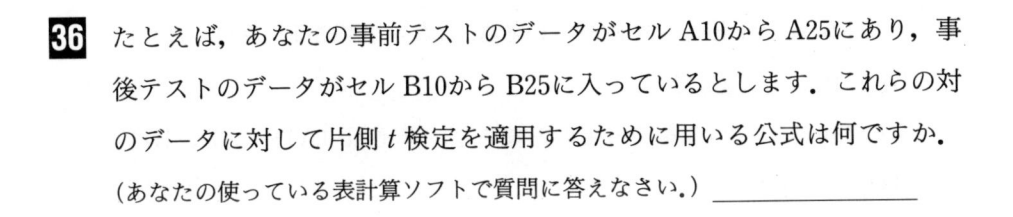

36 たとえば，あなたの事前テストのデータがセルA10からA25にあり，事後テストのデータがセルB10からB25に入っているとします．これらの対のデータに対して片側t検定を適用するために用いる公式は何ですか．（あなたの使っている表計算ソフトで質問に答えなさい．）＿＿＿＿＿＿

答：もしMicrosoft Excelを使っているならば，＝TTEST（A10：A25，B10：B25，1，1）です．
　　もしLotus 1-2-3を使っているならば，@ttest（A10..A25, B10..B25, 2, 1）です．

37 表計算シートに公式を入力した時，セルに0.04313と表示されています．この数字は何を表しますか．＿＿＿＿＿
この結果は，5％の有意水準で有意ですか．1％水準ではどうですか．

答：2組のスコアの間の差と同じ大きさの差が偶然に見つかる確率です．
　　この結果は5％水準では有意ですが，1％では有意ではありません．

38 あるパブに2つのダーツのボードがあります．あなたは，一方のボードがもう一方よりも簡単である印象を持っていますが，どちらのボードであるかは分かりません．これがなぜかを調査し始める前に，2つのボードにおけるスコアの間に有意な差があるのかを見たいと思っています．あなたは，ボードAから27個のスコア（セルA11–37）とボードBから23個のスコア（セルB11–33）を得ています．t検定を行うために用いる公式は何ですか．（あなたの使っている表計算ソフトで質問に答えなさい．）＿＿＿＿＿＿

答：どちらが簡単であるかについての仮説を持っていないので，両側検定を用います．

■5章　平均値の差

　　もしMicrosoft Excelを使っているならば，＝TTEST（A11：A37，B11：B33，2，2）です．

　　もしLotus 1-2-3を使っているならば，@ttest（A11..A37，B11..B33，0，2）です．

正しい検定を選択する

　不適切な統計的検定を用いることは，間違った結果をもたらします．適切な統計的検定を選ぶために，次の2つの問いについて考察しなければなりません．

（a）　帰無仮説と対立仮説は何か．

（b）　用いるかもしれない統計的検定に適応する仮説と制約は何か．

39 いくつか例を見ていきましょう．ある読解力テストが国営の出版社から支給されます．このテストには，この国のいろいろな地区において，4,000人の10年生（高校1年生）の学生にこのテストを実施した結果を記載しているマニュアルが添えられています．このマニュアルに従えば，このテストのスコアの分布は平均30，標準偏差5でほぼ正規でした．あなたは，あなたの都市の学生の成績がマニュアルに記述された4,000人の学生よりも有意に異なっているのかを知りたいので，25人の10年生の学生の無作為標本を選びます．統計的検定のための帰無仮説と対立仮説は何ですか．

　　帰無仮説　＿＿＿＿＿

　　対立仮説　＿＿＿＿＿

答：帰無仮説　$\mu = 30$
　　対立仮説　$\mu \neq 30$

40 帰無仮説の形式は，統計的検定の対象となるものを表します．このケースにおける帰無仮説に対応しているのは以下のどちらですか．
(a) $\mu = C$，ここで C は，実験前に述べることができる既知の定数です．たとえば，$\mu = 0$ あるいは $\mu = 10$．
(b) $\mu_1 = \mu_2$，ここで μ_1 と μ_2 は，どちらも標本にもとづいて推定されたものです．

答：(a)　$\mu = C$

41 この本の後ろの表 I にある参照公式を見てください．仮説 $\mu = C$ を検定するために挙げられている 2 つの公式は何ですか．

答：$z = \dfrac{\bar{x} - C}{s/\sqrt{n}}$

$t = \dfrac{\bar{x} - C}{s/\sqrt{n}}$

42 対立仮説の形式は，検定が片側検定か両側検定かを表しています．両側検定では，あなたが棄却域を設定する時に標本分布の両端を考慮に入れます．これは，$\mu \neq C$ といった対立仮説に対応します．片側検定では，標本分布の片側にのみ注目します．これは $\mu > C$ あるいは $\mu < C$ といった対立仮説に対応しています．この問題における対立仮説を考えなさい．あなたの用いる検定のタイプは何ですか．

■5章 平均値の差

答：両側検定．もし標本の平均値が通常よりも低いかあるいは通常よりも高い時に帰無仮説を棄却します．

43 2番目の質問に自問自答してください．「用いるであろう統計的検定に対する仮定と制約は何ですか」．zスコアの使用は，標本の大きさについての仮定を含んでいます．それは何ですか．

答：標本の大きさが30よりも大きい．

44 tスコアを用いることは，あなたの未知の母集団の分布についての仮定を含んでいます．それは何ですか．

答：母集団はほぼ正規に分布している．

45 この問題における標本の大きさは25です．この25人の学生を試験し，彼らのスコアが $\bar{x}=26$, $s=6$ で，ほぼ正規に分布して現れていると考えてください．統計的検定に何を使いますか．
　　（a）　zスコア
　　（b）　tスコア
　　（c）　どちらも使えない

答：（b）　tスコア

46 1％の有意水準を用いて，統計的検定を完成させなさい．
　　帰無仮説　　$\mu=30$
　　対立仮説　　$\mu \neq 30$
　　有意水準　　$\alpha=0.01$

棄却域　　$t \geqq$ _____　あるいは $t \leqq$ _____

$t =$ _____．結果は，（有意です/有意でない）．

答：棄却域：$t \geqq +2.797$ あるいは $t \leqq -2.797$（df＝24）

$$t = \frac{26-30}{6/\sqrt{25}} = \frac{-4}{6/5} = \frac{-20}{6} = -3.33$$

有意です．

あなたの標本は，マニュアルに書かれた標本と有意に異なっています．

47 異なる都市から25人の学生の標本に基づいて同じ読解力テストを使っています．イラストに示されるように，彼らの点数は双峰に分布していることが分かります．この都市には，第2言語として英語を学んできた学生がかなりいます．

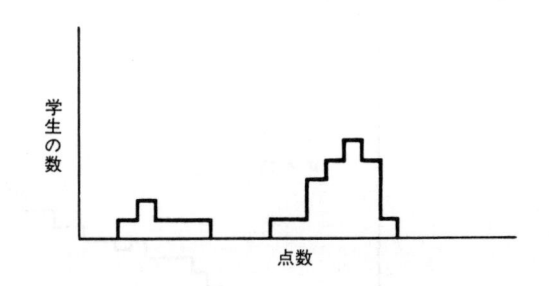

図 5-1
読解力テストの点数

今回も，この都市にいるすべての学生の平均の成績がテストのマニュアルに記述された4,000人の学生のものと有意に異なるのかを知りたいと思っています．この場合，統計的検定に何を使いますか．

(a) z スコア

(b) t スコア

(c) どちらも使えない

5章 平均値の差

答：（c）どちらも使えない．この場合，標本が正規に分布した母集団から取り出されていると仮定できません．また標本が小さすぎて z スコアを使うこともできません．一つの解決法は，z スコアを使えるようにするためにより大きな標本を得ることです．おそらくより適切な解決法は，第2言語として英語を学んでいる学生を別の母集団として扱い，2つの独立した標本を取り出すことです．

48 あなたの都市に住むすべての10年生の学生がテストを受けました．この母集団は，3,000人の10年生で成り立っています．彼らの読解力のスコアは，以下のように分布しています．この母集団から100人が，特別強化プログラムに選ばれており，選考方法が得点の良い者に有利ではなかったかと思っています．理論をチェックするために，その特別プログラムに選ばれた100人の学生の読解テストの点数を得ています．帰無仮説と対立仮説は何ですか．

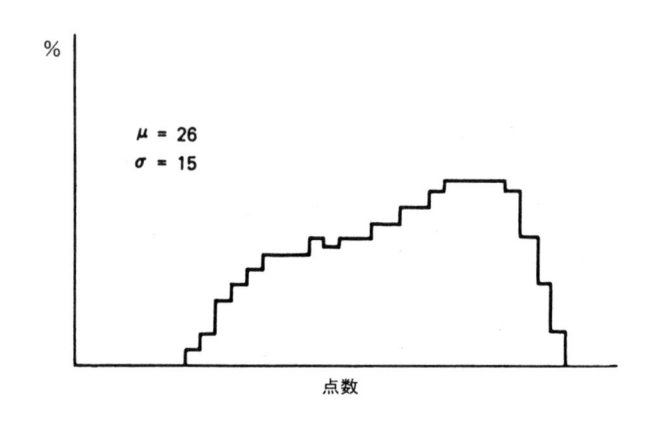

図 5-2
読解テストの点数

$\mu = 26$
$\sigma = 15$

答：帰無仮説　$\mu = 26$
　　対立仮説　$\mu > 26$

正しい検定を選択する

49 この場合，帰無仮説に対応しているのは，以下のどちらですか．
　（a）　$\mu = C$
　（b）　$\mu_1 = \mu_2$

答：（a）　$\mu = C$

50 この帰無仮説の形式は，統計的検定が z スコアあるいは t スコアで行えることを示しています．対立仮説の形式は，この検定が（片側/両側）検定であることを示しています．

答：片側

51 ここで用いるかもしれない検定に適用する仮定と制約は何ですか．z スコアにとっては何ですか．t スコアにとっては何ですか．

答：z スコアでは，n が30よりも大きくなければならないこと．
　　t スコアでは，標本が正規に分布している母集団から抽出されたものと仮定されていること．

52 これらの仮定を考慮すると，この場合統計的検定に何を用いますか．
　（a）　z スコア
　（b）　t スコア
　（c）　どちらも使えない

答：（a）　z スコア．標本は z スコアを用いるために十分に大きい．
　　母集団は正規に分布していないが，多くの研究者は，おそらくこの場合より小さな標本においては t スコアに基づく結論を受け入れるでし

■ 5章 平均値の差

ょう．

53 理論的な分析から，ある研究者はある湖（Deep Lake）のにじますは，もう一つの湖（Blue Lake）のにじますよりも高い濃度の塩素化炭化水素を肝臓に持つと予測しています．彼は，それぞれの湖から10匹の魚を捕まえます．帰無仮説と対立仮説は何ですか．

答：帰無仮説　$\mu_1 = \mu_2$
　　対立仮説　$\mu_1 > \mu_2$

54 巻末の表Iにある参照公式を見てください．この仮説を検定するために挙げられている公式は何ですか．

答：$z = \dfrac{\bar{x}_1 - \bar{x}_2}{\sqrt{s_1^2/n_1 + s_2^2/n_2}}$

　　$t = \dfrac{\bar{x}_1 - \bar{x}_2}{\sqrt{s^2/n_1 + s^2/n_2}}$

55 この統計的検定は（片側/両側）検定です．

答：片側

56 この場合 z スコア検定に適用する仮定は何ですか．

答：両方の標本が30よりも大きい．

57 この場合 t スコア検定に適用する仮定は何ですか．

答：母集団は正規に分布し，等しい標準偏差を持つ．

58 この2つの標本は，ほぼ正規に分布して現われています．塩素化炭化水素について以下の量が検出されました．

標本1（Deep Lake）	標本2（Blue Lake）
$\bar{x}=8$	$\bar{x}=4$
$s=3$	$s=2$
$n=10$	$n=10$

フレーム53と以下のフレームで要約される問題を復習し，適切な統計的検定を完成させなさい．これらの結果から，研究者の理論が正しいことを確信しますか．（1％の有意水準を用いなさい）

答：帰無仮説　$\mu_1=\mu_2$

　　対立仮説　$\mu_1>\mu_2$

　　有意水準　$\alpha=0.01$

　　棄却域　　$t\geq+2.55$（df＝18）

　　$s^2=\dfrac{9(2)^2+9(3)^2}{18}=6.5$　$t=\dfrac{8-4}{\sqrt{1.3}}=3.51$

研究者の理論が正しいことが確信されています．標本が小さく，s_1 と s_2 が大きく異なってはいないので t 検定が用いられています．

59 実際に対になったデータであり，差のスコアを計算するために用いられるべき標本を独立した標本を区別することは重要です．たとえば，統計的資料に関心を持つ買い物客が，近所の2つのスーパーマーケットの価格を比

べたいとします．可能な限りのすべての種類の缶詰と冷凍食品のリストから，無作為に異なる43種のアイテムを選びます．そして，2つの店それぞれの43の価格のリストを得るために，それぞれの店でこれらのそれぞれのアイテムの価格を確認します．2つの価格リストは，独立な標本を構成していますか．あるいは差のスコアを計算すべきですか．

答：それぞれの店において同じアイテムの価格を尋ねたので，差のスコアを計算するべきです．

60 統計的検定において適切な帰無仮説と対立仮説は何ですか．

答：帰無仮説　$\mu = 0$
　　対立仮説　$\mu \neq 0$

61 統計的検定に用いるべき公式は何ですか．

答：$z = \dfrac{\bar{x} - C}{s/\sqrt{n}}$

62 ある経済学者が，郊外と都市部の店において価格に差があるのかを調査しています．郊外の店から18のショッピングリストの合計と都心部の22のショッピングリストの合計を得るために，彼女は，無作為標本による18の郊外の店と22の都市部の店で標準的な買い物リストの合計金額を観測しています．彼女は，2つの独立な標本を持っているでしょうか．

答：はい．与えられた郊外の店の選択は，都心部の店を選択することに影響しません．

63 適切な統計的検定の概略を述べなさい．

  帰無仮説　　＿＿＿＿

  対立仮説　　＿＿＿＿

  有意水準　　0.05

  棄却域　　　＿＿＿＿

  検定の公式　＿＿＿＿

答：帰無仮説　$\mu = 0$

  対立仮説　$\mu \neq 0$

  棄却域　　$t \geq +2.02$ あるいは $t \leq -2.02$ （df＝38）

  検定の公式： $t = \dfrac{\bar{x}_1 - \bar{x}_2}{\sqrt{s^2/n_1 + s^2/n_2}}$

$$s^2 = \dfrac{(n_1-1)s_1^2 + (n_2-1)s_2^2}{n_1 + n_2 - 2}$$

片側検定 v.s. 両側検定についての最後の警告　実験を行う前に，対立仮説と反対側の結果に対してまったく何の興味も無いとはっきりと確認している時にのみ，片側検定は適切な検定となります．データを見てから片側検定を用いるか否かを決めることはできません．このことから，結果の±の方向についてどちらか片側方向に暫定的な結論を持っている時でさえ，多くの研究者は，常に両側検定を用います．

自己診断テスト

もしうまくこの章を完成させているならば，今あなたは，2組のデータの平均値の差についての仮説の正式な統計的検定を設定することができます．あなたは以下のことができるようになっています．

● 1組の差のスコアの有意性を検定する．

■5章　平均値の差

● 2つの独立した標本の平均値についての差の有意性を検定する．
● 独立した標本を持つ時，差のスコアの結果となる対のデータをもつ時，どちらが差のスコアを生じさせるかを認識する．

では，これらの復習問題に挑戦してみましょう．巻末の表Iに参照するのに必要な公式を載せています．

1．測度に時間を用いて，問題を解く能力についての研究をしています．あなたの用いている問題の種類について，得られる分布は典型的な双峰です．つまり被験者は，すばやく問題を解いているか長く時間をかけているかのどちらかです．ごく少数に関しては，中位の時間をかけています．あなたは，10人の被験者の標本を選び，彼らが問題を解く平均時間を減少させると思われる授業を行います．彼らの成績を授業を受けていないその他の10人の標本のものと比較したいと思っています．適切な統計的検定の概要を述べ，もし必要ならば実験計画についての変更点を指示しなさい．5％の有意水準を用いなさい．

2．ある研究所，精密測定装置を2台持っています．これらは，（どちらであるかは分かっていない）1台がもう1台よりもわずかに大きく読み取る傾向にあるため，所長はこの2台の計算能力にわずかに差が生じているのではないかと考えています．彼は両方の機械に50個の物質の読み取り結果を得ることで，2つの装置の点検を行うことを提案しています．それゆえ，機械Aについて物質1から50の読み取り結果と機械Bについて物質1から50の読み取り結果を得ることになります．5％の有意水準で適切な検定の概要を述べ，もし必要ならば実験計画についての変更点を指示しなさい．

3．適切に選ばれた標本から，以下にまとめられているように，2組のIQのスコアが得られています．

グループ1	グループ2
$n=16$	$n=14$
$\bar{x}=107$	$\bar{x}=112$
$s=10$	$s=8$

2つのグループに有意な差はありますか．5％の有意水準を用いなさい．

答 問題を復習するためには，答の後に示されたフレームを学習しなさい．

1．実験が計画されているように統計的検定を行うことができません．標本は小さすぎて z 検定を用いることができず，t 検定を用いるためには母集団がほぼ正規に分布していると仮定できなければなりません．あなたの実験はこの仮定を置けないことを示しています．解決法は，30よりも大きな標本を用いることです．より大きな標本についての統計的検定は以下のようになります．

 帰無仮説 $\mu_1=\mu_2$
 対立仮説 $\mu_1<\mu_2$
 有意水準 $\alpha=0.05$
 棄却域 $z\leq-1.65$

z の公式は，
$$z=\frac{\bar{x}_1-\bar{x}_2}{\sqrt{s_1^2/n_1+s_2^2/n_2}}$$

フレーム23から35と39から63参照．

2．この場合，標本が独立ではないので，差のスコアを用いなければなりません．50の差のスコアを持っているので，z を用いなさい．

 帰無仮説 $\mu=0$
 対立仮説 $\mu\neq0$

■5章 平均値の差

　　　有意水準　$\alpha = 0.05$
　　　棄却域　　$z \leq -1.96$ あるいは $z \geq +1.96$

z の公式は，
$$z = \frac{\bar{x} - C}{s/\sqrt{n}}$$

フレーム1から22と39から63参照．

3．標本が小さいので，t を用いなければなりません．そうではないという証拠が無い場合，IQ スコアの母集団がほぼ正規に分布していると仮定することは妥当です．

　　　帰無仮説　$\mu_1 = \mu_2$
　　　対立仮説　$\mu_1 \neq \mu_2$
　　　有意水準　$\alpha = 0.05$
　　　棄却域　　$t \geq +2.05$ あるいは $t \leq -2.05$ （df $=16+14-2=28$）

　　　検定の公式：
$$t = \frac{\bar{x}_1 - \bar{x}_2}{\sqrt{s^2/n_1 + s^2/n_2}}$$

$$s^2 = \frac{(n_1-1)s_1^2 + (n_2-1)s_2^2}{n_1 + n_2 - 2}$$

$$s^2 = \frac{15(100) + 13(64)}{16 + 14 - 2} = \frac{1500 + 832}{28} = 83.3$$

$$t = \frac{107 - 112}{\sqrt{83.3/16 + 83.3/14}} = \frac{-5}{\sqrt{5.21 + 5.95}} = \frac{-5}{3.34} = -1.50$$

2つのグループの間の差は有意ではありません．フレーム30から35と39から63参照．

6章　2つの分散あるいは
　　　　いくつかの平均値の差

　2つの分散の差は，F分布と呼ばれる別の標本分布を用いて分析することができます．すでにこうしたアプローチは，親しみ深くなっているでしょう．標本からのデータを用いて下値を計算し，その値が棄却域にあるのかを判断するために標本分布表を用います．

　これに関連する分散分析（analysis of variance）と呼ばれる方法によって，同時にいくつかの標本からのデータについて考察することができます．それぞれのグループ内で見られる偶発的な変動と標本のグループ間における構造的な差を区別しようとするものです．分散分析にはF値の計算が必要となります．

　この章を仕上げると，以下のことができるようになるでしょう．

● 2つの標本分散についての差の有意性を検定する
● 標本のあるグループの平均値の中での差が統計的に有意であるかを決定するために分散分析を行う．
● 与えられたデータがこれらの検定の仮定を満たしているのかを判断する．

2つの分散の比較

　tの標本分布を用いて2つの平均値を比較したのと同じように，2つの分散はFの標本分布を用いて比較することができます．手順はとても簡単です．

■6章　2つの分散あるいはいくつかの平均値の差

1 母集団あるいは標本の散布度はその標準偏差あるいは分散によってあらわすことができます．分散は，標準偏差 σ の2乗です．たとえばもし母集団の σ が6ならば，母集団の分散は____です．

答：36

2 もし標本の s が5ならば，標本の分散は_____です．

答：25

3 F 比の公式は以下です．

$$F=\frac{s_1^2}{s_2^2}$$

2つの標本の散布度を比較するために，通常は，小さい方の分散で大きい方の分散を割ります．この計算の結果は，F 比と呼ばれます．たとえば，一方の標本の分散が25であり，もう一方の標本の分散が4であるならば，F 比は25/4つまり6.25となります．もし一方の標本の分散が36であり，もう一方の分散が9であるならば F 比は，_____となります．

答：36/9 ＝4.0

4 もし一方の標本の分散が5で，もう一方の分散が25ならば，F 比は_____となります．

答：25/5 ＝5.0

5 1.0に近い F 比は，2つの標本が（似ている/異なる）分散を持つことを

表します.

答：似ている

6 大きく異なる分散を持つ2つの標本は，(1.0に近い/大きな) F 比となります.

答：大きな

7 F 比の計算において，通常（大きい/小さい）方の分散で（大きい/小さい）方の分散を割ります.

答：小さい
　　大きい

8 もし2つの標本が同じ分散の母集団から無作為に取り出されるならば，F 比は，おそらく1.0に近くなるでしょう．大きな F 比が生じることはあまりありません．正規に分布している母集団に対して F の理論標本分布を作成することが可能です．この事実は2つの標本の分散の差についての仮説の統計的検定を行うために用いられます．たとえば，ある研究者は，ストレスは標本のテストの点数のばらつきを増加させると考えています．彼は，25の大学の出願者の2つのグループに同じテストを行います．1つのグループは，このテストが入学を許可されるのかを決定する重要なものであると聞かされています．もう1つのグループは，このテストが研究目的のみに使用されると聞かされています．統計的検定は以下のとおりです．

帰無仮説　$\sigma_1 = \sigma_2$
対立仮説　$\sigma_1 > \sigma_2$

■6章　2つの分散あるいはいくつかの平均値の差

有意水準　$\alpha = 1\%$
棄却域　$F \geq 2.66$（後から見るように，この数値は表から得られます）
彼の結果は以下のとおりです．

グループ1 （ストレス有）	グループ2 （ストレス無）
$n = 25$	$n = 25$
$\bar{x} = 120$	$\bar{x} = 110$
$s = 20$	$s = 10$
$s^2 = 400$	$s^2 = 100$

F を計算しなさい．_____

答：$F = 4.0$

9 結果は，研究者の理論を支持していますか．

答：はい

10 この検定の棄却域を設定するために用いられた表は，与えられた F 値が，偶然に多くて5％あるいは1％で生じる値を示しています．巻末の表VIはこのための表です．表を見てください．タイトルは何ですか．

答：「F 分布の棄却点」

11　F 表を用いるためには，s_1^2 と s_2^2 の両方の自由度を知っていなければ

なりません．t 検定と同じく，$\mathrm{df}=n-1$ です．
例えば以下の場合，
$$s_1{}^2=36 \quad s_2{}^2=25$$
$$n_1=15 \quad n_2=21$$
$s_1{}^2$ の自由度は14です．$s_2{}^2$ の自由度は_____です．

答：20

12 F 表を見て，$s_1{}^2$ の自由度14と $s_2{}^2$ の自由度20に対応する場所を表で探しなさい．この場所にある2つの F 値を求めなさい．それらは何ですか．

答：2.23と3.13

13 表に従えば，これらの標本数で偶然に F 値が3.13以上となるのはどの程度の割合ですか．

答：1％

14 _____よりも大きな F 値をもつ可能性は5％です．

答：2.23

15 しばらくの間冷凍グレープフルーツジュース工場を操業するとします．有利な価格でフルーツを買うためには，あなたは栽培者のすべての作物を買わなければなりませんが，異常に大きいあるいは異常に小さいものは，機械に詰め込んで絞る前に除去しなければなりません．このため比較的大きさが統一されている作物を買いたいと思っています．つまり（大きな/小

■6章 2つの分散あるいはいくつかの平均値の差

さな）分散の作物を好みます．

答：小さな

16 2人の栽培者がグレープフルーツを売りに来ています．栽培者Aは栽培者Bよりもわずかに高い価格を出していますが，彼のグレープフルーツはサイズがより統一されていると言ってます．この主張をチェックするために，それぞれの作物の無作為標本を取りよせました．それぞれの栽培者は，25個のグレープフルーツの籠を送ってきています．それぞれの標本のグレープフルーツを測り，以下の情報を得ています．
（a）フルーツのサイズは両方の標本ともほぼ正規に分布しています．
（b）栽培者Aのフルーツの平均直径は4.5インチで0.5インチの標準偏差です．
（c）栽培者Bのフルーツの平均直径は4.5インチで1インチの標準偏差です．

統計的検定の適切な帰無仮説と対立仮説を述べなさい．

答：帰無仮説　$\sigma_1 = \sigma_2$
　　対立仮説　$\sigma_1 < \sigma_2$

17 5％の有意水準における，棄却域は何ですか（表を用いなさい）．
$F \geq$ ＿＿＿．

答：1.98

18 F を計算しなさい．結果は有意ですか．

答：
$$F = \frac{1^2}{0.5^2} = \frac{1}{0.25} = 4.0$$

結果は有意です．栽培者Aからのフルーツは，サイズがより統一されています．

19 これまで考えてきたケースでは，対立仮説に片側検定が求められていました．つまりあなたの理論は，2つの分散のどちらが大きいのかを前もって特定していました．対立仮説は両側検定となり得ることがあります．これは，どちらが大きいとするのではなく，$\sigma_1 \neq \sigma_2$ となります．F 比の分子は，分母よりも分散が大きくてもどちらでもかまいません．但し，この場合 F 表を用いるには確率を2倍しなければなりません．5％の数値は10％の有意水準に対応し，1％の数値は_____の有意水準に対応します．

答：2％

20 2つの標本について以下のような統計量が与えられています．経験から，母集団が正規に分布していることはかなり確信を持っていますが，2つの母集団の散布度は等しくはないと疑っています．

標本1	標本2
$n = 10$	$n = 10$
$\bar{x} = 8.8$	$\bar{x} = 12.7$
$s = 12$	$s = 5$

この問題を調査するために適切な帰無仮説と対立仮説は何ですか．

■6章　2つの分散あるいはいくつかの平均値の差

答：帰無仮説　　$\sigma_1 = \sigma_2$
　　対立仮説　　$\sigma_1 \neq \sigma_2$

21　2％の有意水準を用いて棄却域を作成しなさい．

答：棄却域：$F \geq 5.35$（あるいは $F \leq 0.17$）

22　F を計算しなさい．

答：$F = \dfrac{12^2}{5^2} = \dfrac{144}{25} = 5.76$

23　この場合 t 検定は適切ですか．

答：いいえ．2つの標本の分散の差は非常に大きくなっています．このことから同じ分散を持つ母集団からのものではないと思われます．

F の棄却値を探すために表計算シートを使う

F 分布の表計算関数は，他の統計的表計算関数と同じです．与えられた値以上の F の確率を返す関数があります．そして与えられた有意水準に対応する F の棄却値を返す逆関数もあります．

F 分布は，z や t のように対称ではありません．また，F は2つの分散の比なので，その値は決して負にはなりません．棄却域は大きな正の F 値で構成されています．

Fの棄却値を探すために表計算シートを使う

図 6-1 を見てください．曲線の下の影の部分は，表計算関数によって示される確率です．表計算ソフトは，多くの印刷された分布表と同じように，片側検定について適切な確率を返してきます．

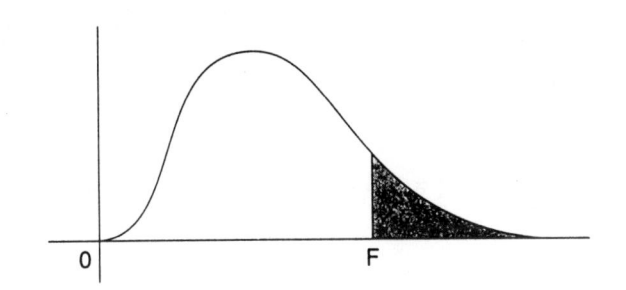

図 6-1
F 分布

F 分布は自由度に依存するので，常に分子と分母の自由度を関数の中に含めなければなりません．Microsoft Excel には，FDIST と FINV の 2 つの異なる関数があります．Lotus 1-2-3 では，関数名は 1 つですが 2 つのタイプがあります．Type 0 は，F の棄却値を返します．Type 1 は，確率を返します．

	Microsoft Excel	Lotus 1-2-3
確率を求める	=FDIST(F,分子の自由度,分子の自由度)	@fdist(F,分子の自由度,分子の自由度,0)
Fの棄却値を求める	=FINV(p,分子の自由度,分子の自由度)	@fdist(p,分子の自由度,分子の自由度,1)

24 7 と 6 の自由度による 3％の有意水準に対応する F スコアを計算するプログラムとなるように，表計算シートのセルに入力する公式を書きなさい．（あなたの使っている表計算ソフトで質問に答えなさい．）_____．

答：もし Microsoft Excel を使っているならば，=FINV (0.03, 7, 6)

です．

もしLotus 1-2-3を使っているならば，@fdist（0.03, 7, 6, 1）です．

25 分子の自由度が2，分母の自由度が12で3.9174のFスコアの確率を計算するプログラムとなるように表計算シートのセルに入力する公式を書きなさい．（あなたの使っている表計算ソフトで質問に答えなさい．）_____．

答：もしMicrosoft Excelを使っているならば，＝FDIST（3.9174, 2, 12）です．

もしLotus 1-2-3を使っているならば，@fdist（3.9174, 2, 12, 0）です．

分散分析

F比は，たくさんの標本がすべて同じ平均値を持つ母集団からのものであるという帰無仮説を検定するためにも用いることができます．この検定に用いられる手順は分散分析と呼ばれます．

26 分散分析では，母集団の分散を推定するために，標本平均の差を用います．またこれとは別に，それぞれの標本の中での個々の標本の間における差に基づいても母分散の推定を行います．もし標本がすべて同じ平均値を持つ母集団からのものであるならば，標本平均の差は相対的に（大きく／小さく）なります．

答：小さく

27 もし標本平均の差が比較的大きければ，母集団の平均値は同じで（ある/ない）と結論付けられます．

答：ない

28 グループの平均値の差に基づく分散の推定値は，「級間平均平方和（級間の分散推定値）」と呼ばれます．個々の標本の差に基づく分散の推定値は，「級内平均平方和（級内の分散推定値）」あるいは「誤差平均平方和」と呼ばれます．帰無仮説を棄却するために，級間平均平方和は，＿＿＿＿＿＿＿＿＿＿＿＿＿に比べて大きくなければなりません．

答：級内平均平方和あるいは誤差平均平方和

29 級間平均平方和と級内平均平方和がどのように推定されるのかを見てみましょう．この説明の目的は，検定の基本的なロジックを見ることです．単純化された計算の手順についてはもう少し後で学習します．ある研究者はおもちゃの色が，どれくらいの時間子供がそのおもちゃで遊ぶのかに影響を与えると考えています．就学前の児童の母集団から，10人ずつのグループを4つ得ています．それぞれのグループごとに異なる色を持つ同じぬいぐるみの動物を用いて，何分間それぞれのグループのそれぞれの子供たちが10分間の観測時間の間にそのおもちゃで遊んでいるのかを観察します．帰無仮説は，$\mu_1 = \mu_2 = \mu_3 = \mu_4$ です．対立仮説は，平均値が少なくとも一つは異なっているというものです．つまり，おもちゃの色は差を生じさせます．データは次のとおりです．

■6章　2つの分散あるいはいくつかの平均値の差

グループ 1 (赤のキリン)	グループ 2 (黄色のキリン)	グループ 3 (緑のキリン)	グループ 4 (青のキリン)
1	3	2	5
2	2	4	3
5	6	2	1
7	3	1	2
6	2	2	1
1	8	3	3
2	7	4	4
2	5	1	2
4	6	3	3
4	8	2	1
$n_1=10$	$n_2=10$	$n_3=10$	$n_4=10$
$\bar{x}_1=3.4$	$\bar{x}_2=5.0$	$\bar{x}_3=2.4$	$\bar{x}_4=2.5$
$s_1^2=4.5$	$s_2^2=5.6$	$s_3^2=1.2$	$s_4^2=1.8$

すべてのグループを統合すると，

$N=40$

$\bar{x}_T=3.3$

$s_T^2=4.1$

級間平均平方和は，(個々の標本/グループの平均)の差に基づきます．

答：グループの平均

30 4つのグループの平均の分布について考えなさい．この分布は，

(a) 母集団分布

(b) 標本の分布

(c) 標本分布

答：(c) 標本分布

31 先の中心極限定理におけるわれわれの議論から，

$$\sigma_{\bar{x}} = \frac{\sigma}{\sqrt{n}}$$

つまり $\bar{x}$ の標本分布の標準偏差は，2つの値，σ と n に依存します．

σ は何を表しますか．

n は何を表しますか．

答：σ は母集団の標準偏差です．

n は標本の大きさです．

32 いま，s^2，母集団の分散の推定値の計算に関心があります．これは上の公式に基づく公式を用いて求めることができます．推定値であることを示すために σ の代わりに s を用いて，$s_{\bar{x}} = s/\sqrt{n}$ となります．この時，$s_{\bar{x}}^2 = s^2/n$ であるので，$s^2 = n s_{\bar{x}}^2$ となります．標本分布を構成する標本数はいくつですか．$n = \underline{\quad}$．

答：10

33 $s_{\bar{x}}^2$ は，以下の数値の分散です．

3.4, 5.0, 2.4, 2.5

これらの数値は何を表していますか．

答：4つの標本の平均値

34 標本平均の分散は，1.45と計算されます．（もし練習したいならば，自分でチ

■6章 2つの分散あるいはいくつかの平均値の差

ェックしましょう）この情報に基づく全母集団の分散は何ですか．
$$s^2 = n s_{\bar{x}}^2 = \underline{\qquad}$$

答：$10 \times (1.45) = 14.5$

35 14.5は，（級間/級内）平均平方和です．

答：級間

36 級間平均平方和は，（個々の標本のスコア/グループの平均値）の分散に基づいています．

答：グループの平均値

37 級内平均平方和は標本グループ内の個々の標本のスコアの分散に基づいています．標本グループ内の個々の標本のスコアの分散は何ですか．

$s_1^2 = \underline{\qquad}$

$s_2^2 = \underline{\qquad}$

$s_3^2 = \underline{\qquad}$

$s_4^2 = \underline{\qquad}$

答：$s_1^2 = 4.5$
$s_2^2 = 5.6$
$s_3^2 = 1.2$
$s_4^2 = 1.8$

38 これらの分散はグループの差によって影響を受けますか．

答：いいえ

39 これらのグループのそれぞれの分散は，全母集団の分散の推定値です．さらに良い推定値を得るためには，4つすべてのグループの分散を平均することができます．これが級内平均平方和です．この例の級内平均平方和を計算しなさい．

答：$\dfrac{4.5+5.6+1.2+1.8}{4}=3.28$

40 F 比を計算しなさい．
$$F=\dfrac{級間平均平方和}{級内平均平方和}=$$

答：$F=\dfrac{14.5}{3.28}=4.42$

41 この F 比を評価するために，級間および級内平均平方和の自由度を知る必要があります．級間平均平方和は4つの平均値に基づいています．この分散の推定値の自由度は $4-1=3$ です．級内平均平方和はいくつかの分散の平均で，その自由度はグループそれぞれの自由度の合計となります．10個の標本を持つ1つのグループの自由度はいくつですか．

答：9

42 標本数10のグループ4つ全体の自由度はいくつですか．

答：$4\times 9=36$

■6章　2つの分散あるいはいくつかの平均値の差

43 s_b^2（級間平均平方和）の自由度は，＿＿＿＿です．s_w^2（級内平均平方和）の自由度は，＿＿＿＿です．1％の有意水準において，棄却域は $F \geq$ ＿＿＿＿です．

答：3
　　 36
　　 4.38

44 実験者は帰無仮説を棄却しますか．

答：はい．F 比が棄却域にあるので．おもちゃの色がその魅力に違いを生じさせると結論付けることができます．

45 いま考察した例において，標本グループは同じ大きさでした．もし標本のグループの大きさが等しくなければ，標本の大きさに従って標本グループの平均と分散をウェイト付けする必要があります．平均値と分散の代わりに「平方和」を用いることで計算はもっと簡単に行うことができます．平方和は，分散推定値の分子（上の項）です．以下の公式の中で平方和を表わす部分を丸で囲みなさい．

$$s = \frac{\sum(x-\bar{x})^2}{n-1}$$

答：

$$s = \frac{\boxed{\sum(x-\bar{x})^2}}{n-1}　\text{平方和}$$

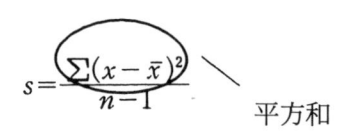

46 級間平方和は，級間平均平方和を計算するために用いる平方和です．級内平方和は，級内平均平方和を計算するために用いる平方和です．もしすべ

てのグループを組み合わせたものを1つの大きな標本と考えるならば，全平方和も計算できます．すべての観測値を組み合わせて1つの標本として分散を計算するために，＿＿＿平方和を用います．

答：全

47 級内平方和に級間平方和を足し合わせることで常に全平方和が得られます．このことは計算を簡単にします．たとえば，もし全平方和が75で，級間平方和が25ならば，級内平方和は＿＿＿でなければなりません．

答：50

実際の作業において，分散分析の数学的な手順は，通常はコンピュータを用いて行われます．専門用語を理解し，分かっていない部分を認識するために，やはりいくつかの問題を手で解いていくべきです．もし計算が我慢できなければ，少なくとも着実に以下の問題の説明を終わりまで読みましょう．―あるいは表計算シートのそれぞれのステップの項目を完成させてきましょう．コンピュータの出力結果を理解するためには，この基礎知識が必要です．

■6章 2つの分散あるいはいくつかの平均値の差

48 いろいろなサイズのグループの分散分析を行うために，以下のような表を準備することからはじめます．

グループ1		グループ2		グループ3		グループ4	
x	x^2	x	x^2	x	x^2	x	x^2
3	9	2	4	3	9	5	25
3	9	4	16	5	25	6	36
5	25	4	16	5	25	6	36
6	36	6	36	6	36	7	49
8	64	9	81	7	49		
		10	100	7	49		
				8	64		
25	143	35	253	41	257	24	146
$n_1=5$		$n_2=6$		$n_3=7$		$n_4=4$	

$\sum x_T = 125$　　$\sum x_T^2 = 799$　　$N=22$

上の表から分散分析を完成するために必要なすべての情報を読み取ることできます．それぞれのグループが2列ずつ持つことに注意してください．最初の列はそのグループのスコアを載せています．2列目には＿＿＿＿を載せています．

答：スコアの2乗

49 $(x-\bar{x})$ あるいは $(x-\bar{x})^2$ についての列は見当たりますか．

答：いいえ

50 グループ1の観測値の数を示すために用いられている記号は何ですか．

答：n_1

51 すべてのグループを組み合わせた全観測値の数を示すために用いられる記号は何ですか．

答：N

52 すべての観測値の全合計を示すために用いられる記号は何ですか．

答：Σx_T

53 いろいろなグループの Σx と Σx^2 だけを使ってすべての必要な平方和を計算することができます．公式は以下のとおりです．

全平方和： $$\Sigma x_T^2 - \frac{(\Sigma x_T)^2}{N}$$

全平方和の自由度は全ての標本の総数に依存します：df＝N－1

級間平方和： $$\frac{(\Sigma x_1)^2}{n_1} + \frac{(\Sigma x_2)^2}{n_2} + \cdots\cdots - \frac{(\Sigma x_T)^2}{N}$$

級間平方和の自由度はグループの数に依存します（g はグループの数をあらわす）：df＝$g-1$

■6章 2つの分散あるいはいくつかの平均値の差

$$級内平方和： \sum x_1^2 - \frac{(\sum x_1)^2}{n_1} + \sum x_2^2 - \frac{(\sum x_2)^2}{n_2} + \cdots\cdots$$

級内平方和の自由度はそれぞれの個々のグループの自由度に依存します：df$=(n_1-1)+(n_2-1)+\cdots$. 計算を整理するとdf$=N-g$となります．上の例において，表から，$\sum x_T$ に対応する値は何ですか．

答：125

54 $\sum x_T^2$ に対応する値は何ですか．

答：799

55 $(\sum x_T)^2$ に対応する値は何ですか．

答：15,625（$=125^2$）

56 $\sum x_3^2$ に対応する値は何ですか．

答：257

57 $(\sum x_1)^2$ に対応する値は何ですか．

答：625（$=25^2$）

58 フレーム48のデータの全平方和を計算しなさい．もし必要ならば，もう一

分散分析

度公式を参照しなさい．

答：$799 - \dfrac{(125)^2}{22} = 799 - 710.2 = 88.8$

59 級間平方和を計算しなさい．

答：$\dfrac{(25)^2}{5} + \dfrac{(35)^2}{6} + \dfrac{(41)^2}{7} + \dfrac{(24)^2}{4} + \dfrac{(125)^2}{22}$

$= 125 + 204.2 + 240.1 + 144 - 710.2 = 3.1$

60 級内平方和を計算しなさい．

答：$88.8 - 3.1 = 85.7$

61 以下の表を完成させなさい．

	平方和	df	平均平方和
全			—
級間			
級内			

答：

	平方和	df	平均平方和
全	88.8	21	—
級間	3.1	3	1.03
級内	85.7	18	4.76

■6章 2つの分散あるいはいくつかの平均値の差

62 公式を見てください．
$$F = \frac{s_b^2}{s_w^2}$$
これらのデータの F 比は何ですか．$F = $ _____

答：$\dfrac{1.03}{4.76} = 0.22$

63 級間と級内平均平方和の意味について復習しましょう．級間平均平方和はグループの平均値に基づいています．級内平均平方和は，個々のグループの分散に基づいています．どちらの分散推定値（平均平方和）が，標本を取り出す際に含まれる偶発的な変動のみを反映していますか．

答：級内平均平方和．級間平均平方和はグループ間の意図的な差も反映しています．

64 どちらの分散推定値（平均平方和）がグループ間の意図的な差を反映していますか．

答：級間

65 もし級間平均平方和が級内平均平方和よりも小さければ，標本を取り出す際に含まれる偶発的な変動に比べてグループ間の差は（大きい／小さい）ということができます．

答：小さい

66 級内平均平方和は何を反映していますか．

答：偶発性．標本を取り出す時に含まれる偶発的な変動

67 級間平均平方和は何を反映していますか．

答：グループ間の差

68 もし s_b^2 が，s_w^2 よりも小さければ，有意な結果を得ることができますか．

答：いいえ

69 以下のスコアは異なる学歴を持つ人による無作為小標本の問題解決テストの成績を示しています．学歴はこのテストの成績において差が現われていますか．1％の有意水準を用いなさい．

	スコア
グループ1（高校）	1, 3, 4
グループ2（工科大学）	4, 5, 6, 6, 7, 8, 9
グループ3（単科大学）	2, 3, 3, 4

提案：（a） フレーム48のようなデータの表を準備しなさい
　　　（b） 平方和と分散推定値（平均平方和）を計算し，フレーム61のような表に整理しなさい
　　　（c） F を計算し，有意であるのかを判断するために表を参照しなさい

■6章 2つの分散あるいはいくつかの平均値の差

答：

グループ1		グループ2		グループ3	
x	x^2	x	x^2	x	x^2
1	1	4	16	2	4
3	9	5	25	3	9
4	16	6	36	3	9
		6	36	4	16
		7	49		
		8	64		
		9	81		
8	26	45	307	12	38
$n_1=3$		$n_2=7$		$n_3=4$	
$\sum x_T=65$		$\sum x_T^2=371$		$N=14$	

	平方和	df	平均平方和
全	69.2	13	—
級間	44.8	2	22.4
級内	24.4	11	2.22

$$F=\frac{22.40}{2.22}=10.1$$

帰無仮説は棄却されます．学歴は差を生じさせません．

表計算シートのF検定関数

簡単な操作によって，この章で概要を述べてきたような分散分析における全てのステップを実行するために表計算シートを用いることができます．さらに簡単にするために，いくつかの一般的な状況について全てのステップを行っていく関数が盛り込まれています．

Microsoft ExcelとLotus 1-2-3の両方に2つの独立な分散を比較するための分散分析を行うF検定関数が含まれています．これらの関数では，比較したいデータが含まれる2つの範囲を定義することが望まれます．選択したセルには，確率値を返してきます．

F検定関数を用いる時，2組の標本データが入っている範囲を定義します．その時表計算ソフトは，標本結果の片側確率を計算します．

公式は，

Microsoft Excel	Lotus 1-2-3
=FTEST（配列1，配列2）	@ftest（範囲1，範囲2）

70 グループAのデータがセルA10からA25にあり，グループBのデータがセルB10からB35にあるとします．2つのグループが異なる分散を持つという仮説を検定するために用いられる公式は何ですか．
（あなたの使っている表計算ソフトで質問に答えなさい．）_____

答：もしMicrosoft Excelを使っているならば，=FTEST（A10：A25,

B10：B35）です．

もし Lotus 1-2-3 を使っているならば，@ftest（A10..A25, B10..B35）です．

71 あなたの表計算シートに公式を入力すると，セルに0.09871と表示されます．この数値は何を表していますか．＿＿＿＿＿＿
結果は5％水準で有意ですか．1％水準ではどうですか．

答：2組のスコアについて求められたものと同じ大きさの F 比が偶然に求まる確率です．
結果は5％水準では有意ではなく，もちろん1％でも有意ではありません．

FTEST 関数に加えて，Microsoft Excel は，いくつかの典型的な分散分析の手順を行うためにダイアログを埋めていく機能があります．これらの機能は，「ツール」－＞「データ分析」のメニュー選択で使用可能となります．
注意：Microsoft Excel の「データ分析」を用いる時は，計算の詳細は，表計算シート上に現われず，入力の数値を変えても自動的に結果は更新されません．データ分析のツールを用いた結果は，表計算シートの選択された範囲への単なる分析結果のテキスト出力となります．もしこれらのツールを使うのならば，データ分析のプリント出力が更新することを要求しないクロスチェックとして自動的に更新する（たとえば，セル平均の計算）いくつかの公式を含めるのも良いアイデアです．

72 コンピューターによって計算された分散分析の出力を見てください．
分散分析：一元配置

概要

グループ	標本数	合計	平均	分散
列1	5	25	5	4.5
列2	6	35	5.8333	9.7667
列3	7	41	5.8571	2.8095
列4	4	24	6	0.6667

分散分析表

変動要因	変動	自由度	分散	観測された分散比	P-値	F境界値
グループ間	3.0822	3	1.0274	0.2158	0.8841	3.1599
グループ内	85.6905	18	4.7606			
合計	88.7727	21				

自由度に注目してください．実験で用いられたグループはいくつですか．_____

研究されている個々の標本数はいくつですか．_____

グループの中での差は１％水準で有意ですか．_____

答：4グループ

22個

いいえ．結果は有意ではありません．

■6章　2つの分散あるいはいくつかの平均値の差

分散分析を用いる時

ある特定の仮定が分散分析に適用されます．これらの仮定を満たす時のみ，仮説の検定に分散分析を持ちいることが適切となります．

73 2つの平均値の差に関する分散分析と t 検定は，同じような数学的な導出に基づいています．それらは同じ仮定に依存しており，標本数が2つの時には同じ結果を生みます．両方の検定で求められる2つの仮定は何ですか．

答：母集団が分布が正規
　　母分散が等しい

74 もし家族の所得の分布が強く歪んでいることが分かれば，家族の所得への教育水準の効果を研究するために分散分析を用いることは適切ですか．

答：いいえ．母集団が正規に分布していると仮定できません．

75 t 検定を用いることは適切ですか．

答：いいえ．t 検定もまた正規に分布する母集団を仮定します．

76 もしいくつかの異なる標本の間の比較を行うならば，t 検定は適切ではありません．たとえば，もし4つの標本平均を比較するならば，6つの異なる二元配置の比較が可能となります．もしあなたが5％の有意水準を選ぶと，それぞれの個々の比較が，第1種の過誤の可能性を5％持ちます．6

つ全ての比較について考えると，少なくとも1つは実質的に5％以上の第1種の過誤の可能性を持つことになります．分散分析では，この問題を避けています．なぜならば（s_b^2 と s_w^2 の）1つの比較のみを行うからです．それゆえ，いくつかの標本の中での比較を行う時に，用いるために適切な検定は（t 検定/分散分析）です．

答：分散分析

77 以下は3つの異なる薬を処方された精神患者の適合スコアの簡単な要約です．分散分析は，このケースに適用するために適切な統計的テクニックですか．

グループ1	グループ2	グループ3
$\bar{x}=5$	$\bar{x}=10$	$\bar{x}=4$
$s=4$	$s=23$	$s=5$
$n=10$	$n=33$	$n=45$

答：いいえ

78 上のデータにおいて仮定を妨害するものは何ですか．

答：分散が非常に不揃いです．$s_1^2=16$, $s_2^2=529$, $s_3^2=25$．この場合，データをもう1度構成し直すか，8章で議論されるカイ2乗検定を適用することが可能となるでしょう．

■6章 2つの分散あるいはいくつかの平均値の差

自己診断テスト

もしうまくこの章を完成させているならば，今，統計的検定を行うために F 分布を用いることができます．あなたは以下のことができるようになっています．

- 2つの標本分散の差の有意性を検定する．
- いくつかの標本平均の差が統計的に有意であるのかを判断するために分散分析を行う．
- データが数学的なモデルの仮定を満たしていないために F 検定を用いるべきではない状況を認識する．

では，これらの復習問題に挑戦してみましょう．巻末の表Ⅰに参照するのに必要な公式を載せています．

1．何人かの学生が無作為に3つの異なる教え方による3つのクラスを指定されています．以下の統計量は，総合最終試験における3つのグループの成績をまとめています．これらのデータで分散分析を行うことができますか．置かれる仮定は何ですか．

グループ1	グループ2	グループ3
$n=10$	$n=11$	$n=8$
$\bar{x}=89$	$\bar{x}=75$	$\bar{x}=90$
$s^2=100$	$s^2=81$	$s^2=64$
$s=10$	$s=9$	$s=8$

2．状況は問題1と同じですがデータが異なっています．分散分析を行うことができますか．置かれる仮定は何ですか．

グループ1	グループ2	グループ3
$n=10$	$n=11$	$n=8$
$\bar{x}=90$	$\bar{x}=86$	$\bar{x}=70$
$s^2=144$	$s^2=25$	$s^2=16$
$s=12$	$s=5$	$s=4$

3．あなたは，新しい生産方法が鋳型のプラスチック部品のサイズのばらつきを減少させると考えています．あなたは，新しい方法と古い方法で形作られた部品の標本を得て，それらを測定し，以下のようにまとめています．5％の有意水準での適切な統計的検定の概要を述べなさい．2つの標本の散布度の差は有意ですか．それらの平均値の差は有意ですか．

グループ1	グループ2
$n=15$	$n=25$
$\bar{x}=20.00$	$\bar{x}=21.00$
$s^2=0.0625$	$s^2=1.00$
$s=0.25$	$s=1.00$

4．以下のデータの分散分析を行いなさい．5％の有意水準を用いなさい．

■6章　2つの分散あるいはいくつかの平均値の差

グループ1	グループ2	グループ3
1	2	3
2	3	4
2	4	4
2	4	5
3	5	
	6	

答　問題を復習するためには，答の後に示されたフレームを学習しなさい．

1. はい，分散分析が可能です．あなたは標本を取り出す母集団が正規に分布していると仮定しておかなければなりません．また，結果を解説するために，教え方がグループ間の差についての唯一の妥当な要因であると仮定が置かれていなければなりません．フレーム73から78参照．4章のフレーム26から31も参照．

2. いいえ，あなたは分散分析を行うことができません．分散分析の仮定の1つは，標本が取り出された母集団が等しい分散を持つというものです．これら3つの標本の分散は異なりすぎているのでこの仮定が許されません．グループ1の分散はグループ3の9倍でグループ2のほぼ6倍になっています．フレーム1から23と73から78参照．

3.
　　帰無仮説　　$\sigma_1 = \sigma_2$
　　対立仮説　　$\sigma_1 > \sigma_2$
　　有意水準　　$\alpha = 0.05$
　　棄却域　　　$F \geq 2.35$ (df $= 24, 14$)

$$F = \frac{s_2^2}{s_1^2} = \frac{1.00}{0.0625} = 16.0$$

分散の差は有意です．分散の差が大きいため，t 検定が正確であるかは疑わしい．フレーム1から23参照．

4.

グループ1		グループ2		グループ3	
x	x^2	x	x^2	x	x^2
1	1	2	4	3	9
2	4	3	9	4	16
2	4	4	16	4	16
2	4	4	16	5	25
3	9	5	25		
		6	36		
10	22	24	106	16	66
$n_1=5$		$n_2=6$		$n_3=4$	
$\sum x_T = 50$		$\sum x_T^2 = 194$		$N=15$	

全平方和：

$$\sum x_T^2 - \frac{(\sum x_T)^2}{N} = 194 - \frac{150^2}{15} = 194 - \frac{2500}{15} = 194 - 166.7 = 27.3$$

$$\mathrm{df} = N - 1 = 14$$

級間平方和：

$$\frac{(\sum x_1)^2}{n_1} + \frac{(\sum x_2)^2}{n_2} + \frac{(\sum x_3)^2}{n_3} - \frac{(\sum x_T)^2}{N} = \frac{(10)^2}{5} + \frac{(24)^2}{6} + \frac{(16)^2}{4} - 166.7$$

$$= 20 + 96 + 64 - 166.7 = 13.3$$

■6章　2つの分散あるいはいくつかの平均値の差

$$df = g - 1 = 2$$

級内平方和：

$$全 - 級間 = 27.3 - 13.3 = 14.0$$

$$df = N - g = 12$$

	平方和	df	平均平方和	F
全	27.3	14	—	
級間	13.3	2	6.65	5.68
級内	14	12	1.17	

5％の有意水準における棄却域は $F \geq 3.89$ です．グループ間の差は有意です．フレーム26から69参照．

7章　2組の測定値の関係

　これまでは，1度に1つの種類のデータのみを取り扱ってきました．この章では，2つの異なる測定値の関係を分析するためのいくつかの方法を学習していきます．たとえば，木の高さはその樹齢に関係するのか，あるいは資産と幸福は対になったものなのかを考えていきます．散布図（scattergram）は，ある標本における2つの異なる測定値の関係をグラフで示すために用いるものです．相関係数（correlation coefficient）を用いて数量的に2つの測定値の関係を整理することも可能です．そして特定の仮定が満たされれば，標本分布を参照することで相関係数の有意性を検定することも可能です．

　もし2つの測定値が関係しているならば，一方の測定値によってもう一方の測定値を予測することが可能です．これは回帰式（regression equation）によって行われます．たとえば，もし大学入学者とパソコン購入が関係しているならば，ある町のパソコン市場のおおよその大きさを決定するためにその町の入学者のデータを回帰式に適用することができます．

　この章を完成させると以下のことができるようになります．

● 散布図を作成し，説明する．
● 相関係数 r を計算し，説明する．
● 2つの測定値がゼロの相関であるという帰無仮説を検定する．
● 関係付けられた測定値にもとづいて，ある測定値の値を予測するために回帰式を用いる．

■7章　2組の測定値の関係

散　布　図

　　しばしば我々はある母集団における2つの異なる測定値あるいは観測値の関係に関心を持ちます．たとえば学校の適性検査での高いスコアは，高い平均点の成績を伴う傾向にあるか．あるいは2つの測定値は関係しないか．お金持ちの家は多くの子供を持つ傾向にあるか，あるいはあまり子供を持たない傾向にあるか．ある家族における資産と子供の数には全く何の関係もないかといったものです．このような関係を考察するための1つの簡単な方法は散布図を描くことです．

1 下の散布図を見てください．散布図の中のそれぞれの×は，我々の標本における一つの家族をあらわしています．グラフの中の×の高さはその家族の子供の数をあらわしています．×の左右の位置関係は家族の所得をあらわしています．たとえば，Ⓐは，3人子供がいて，所得が＄40,000の家族をあらわしています．Ⓑは，＿＿＿人子供がいて，所得が＿＿＿＿＿＿＿の家族をあらわしています．

散布図

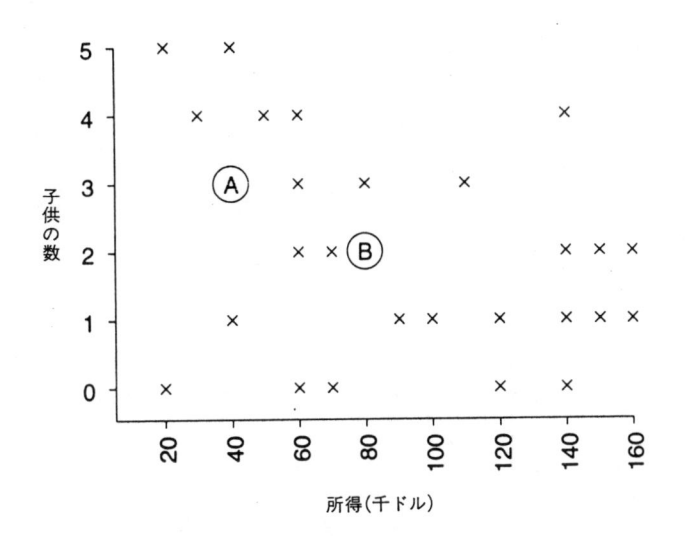

図 7-1
所得 V.S. 家族の人数

答：2
　　$80,000

2 散布図の中で，子供がいなくて，所得が$20,000の家族をあらわす×に丸をつけなさい．

答：

■ 7章　2組の測定値の関係

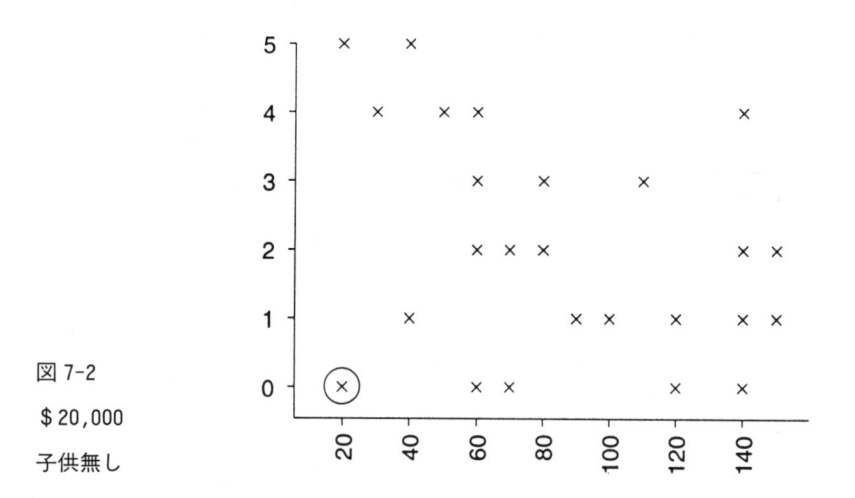

図 7-2
$ 20,000
子供無し

3 散布図を見てこの標本の家族において，高い所得を伴う家族ほど相対的に子供の数がより（多い/少ない）と言えます．

答：少ない

4 以下のデータの散布図を作成するために，図 7-3 を用いなさい．

学生番号	中間試験成績	最終試験成績
1	65	74
2	68	73
3	71	71
4	75	80
5	75	83
6	85	85

7	88	90
8	95	94
9	97	99
10	100	98

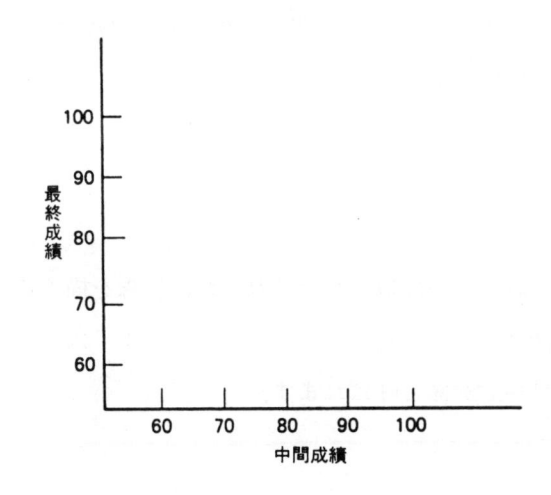

図 7-3

散布図　方眼紙

答：あなたの散布図は以下のようになっているはずです．

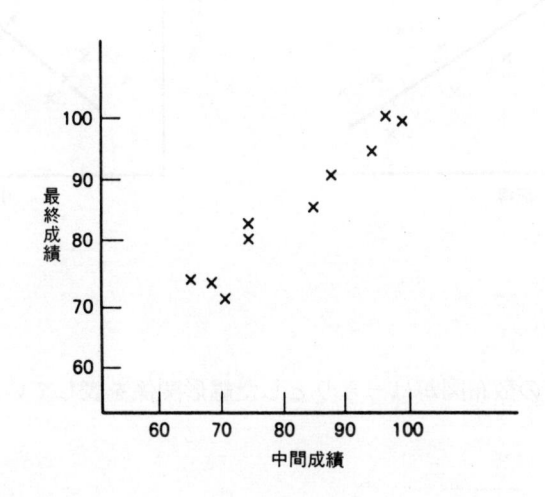

図 7-4

中間 V.S. 最終成績

■ 7章　2組の測定値の関係

もしかすると縦の次元に中間成績を，横の次元に最終成績となるように軸を逆にとっているかもしれません．

一方の測定値をもう一方を予測するために用いる時，通常，横の次元（x軸）が予測に用いる変数をあらわすします．

5 このケースにおいて，高い中間の点数は最終試験において（高い/低い）点数を伴う傾向にあります．

答：高い

6 以下に見られる2つの散布図はそれぞれ，直線を描くことによって2つの測定値の関係をとても良く表すことができます．以下に見られるような種類の関係は線形関係と呼ばれます．

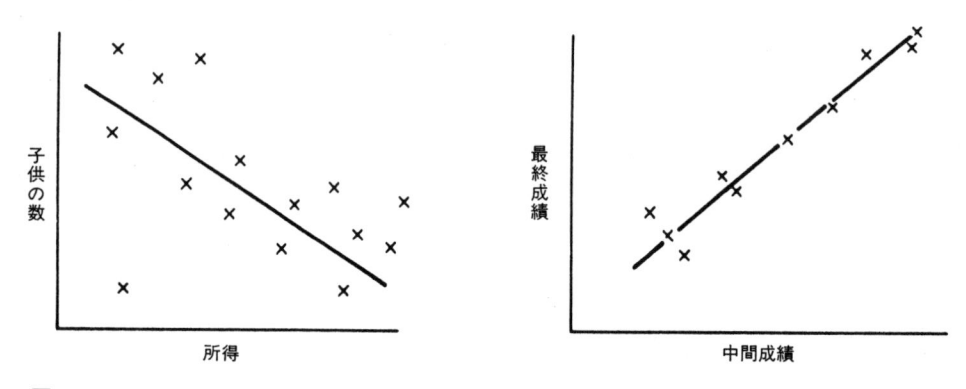

図 7-5
線形関係

以下のどの散布図がはっきりとした線形関係を表していますか．

散布図

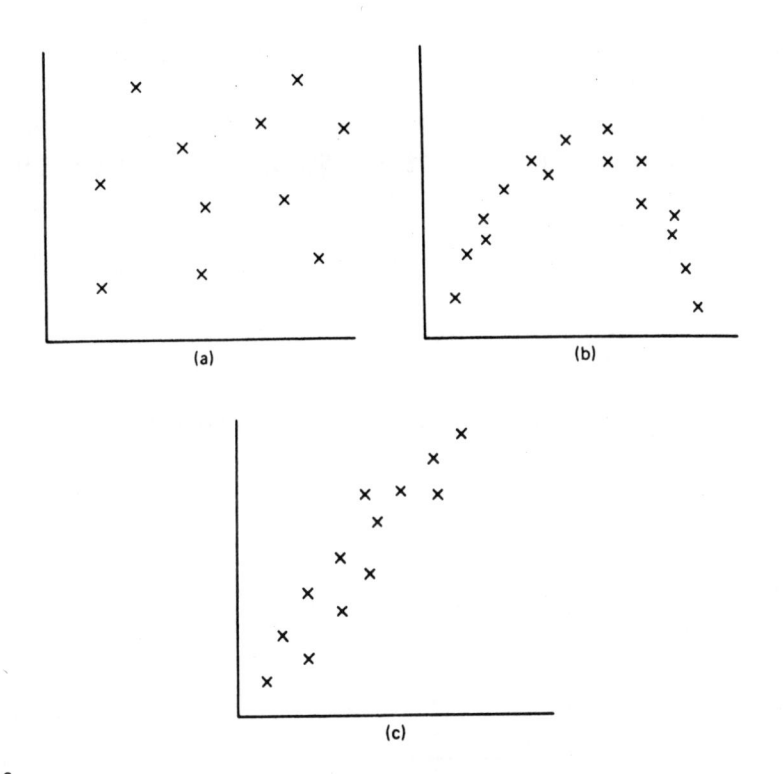

図 7-6

関係を述べなさい

答：(c)

7 2つの測定値の関係は時には曲線になります．つまり，カーブした線によってもっとも良く表わされます．図 7-6 においてどの散布図が曲線関係を表していますか．

答：(b)

8 直線によって描くことができる関係は，＿＿＿＿関係と呼ばれます．

■7章　2組の測定値の関係

答：線形

9 カーブした線によってあらわすことができる関係は，＿＿＿＿関係と呼ばれます．

答：曲線

10 2つの変数間に関係が無ければ，散布図は次のようになります．

図7-7
無作為分布
無関係

関係が強くなればなるほど，散布図の点は線形あるいは曲線型により近づいていきます．以下のどちらの散布図が2つの変数間のより強い関係を表していますか．

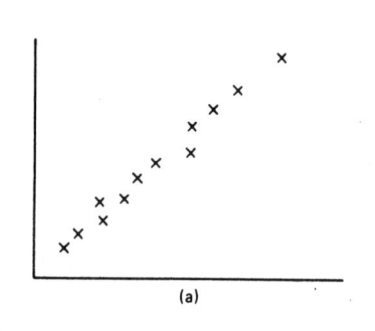

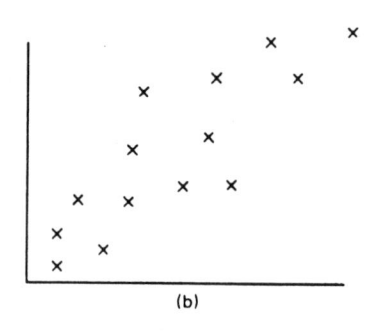

図7-8
どちらの関係がより強いですか．

散 布 図

答：(a)

11 次の2つの散布図はどちらが2つの変数間のより強い関係を表していますか．

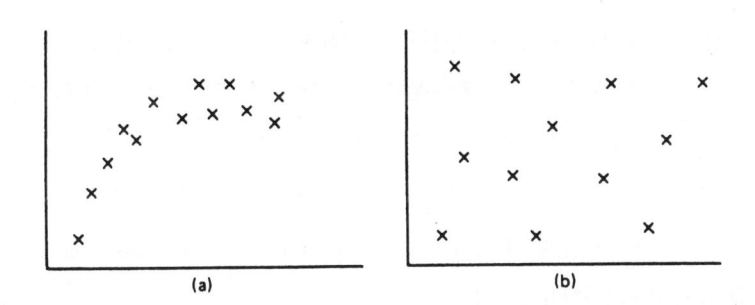

図 7-9

どちらの関係がより強いですか．

答：(a)

表計算シートの用語においては，Lotus 1-2-3では，散布図はxyグラフと呼ばれます．Microsoft Excelでは散布図と呼ばれます．散布図を作成するために特別な統計的知識は要求されません．Microsoft ExcelもLotus 1-2-3も表計算シートのデータからいろいろなタイプのグラフを選択し，作成するグラフ機能を持っています．まずグラフにするデータの範囲を選択します．そして，もしMicrosoft Excelを使っているならばメインメニューの中で「挿入」→「グラフ」を選択します．もしLotus 1・2・3を使っているならば「作成」→「グラフ」を選択します．グラフの種類として散布図あるいはxyを選びます．

■7章　2組の測定値の関係

相関係数

　もし2つの測定値が線形関係を持っているならば，相関係数（correlation coefficient）と呼ばれる統計量の意味から関係の強さがどの程度であるのかを表すことができます．相関係数の記号はrです．これに対応する母集団のパラメータはρ（ギリシャ文字の「ロー」）です．

　特別な種類のデータには，いろいろな形の相関係数があります．ここでは，ピアソンの積率相関（Pearson product-moment correlation）係数と呼ばれる基本形のみを説明します．

12 相関係数の説明に以下の適切なイラストを下から選び組み合わせなさい．

相関係数		図
$r=+1.0$	すべてのスコアが完全に直線上にある．一方の測定値の高いスコアはもう一方の高いスコアを伴う	_____
$+1.0$から0のr（たとえば$+0.5$）	一方の高いスコアは，もう一方の高いスコアを伴う傾向にあるが関係は完全でない	_____
$r=0$	2つの測定値の間には全く何の関係もない	_____
0から-1.0のr（たとえば-0.3）	一方の高いスコアは，もう一方の低いスコアを伴う傾向にあるが関係は完全でない	_____
$r=-1.0$	すべてのスコアが完全に直線上にある．一方の測定値の高いスコアはもう一方の低いスコアを伴う	_____

図 7-10

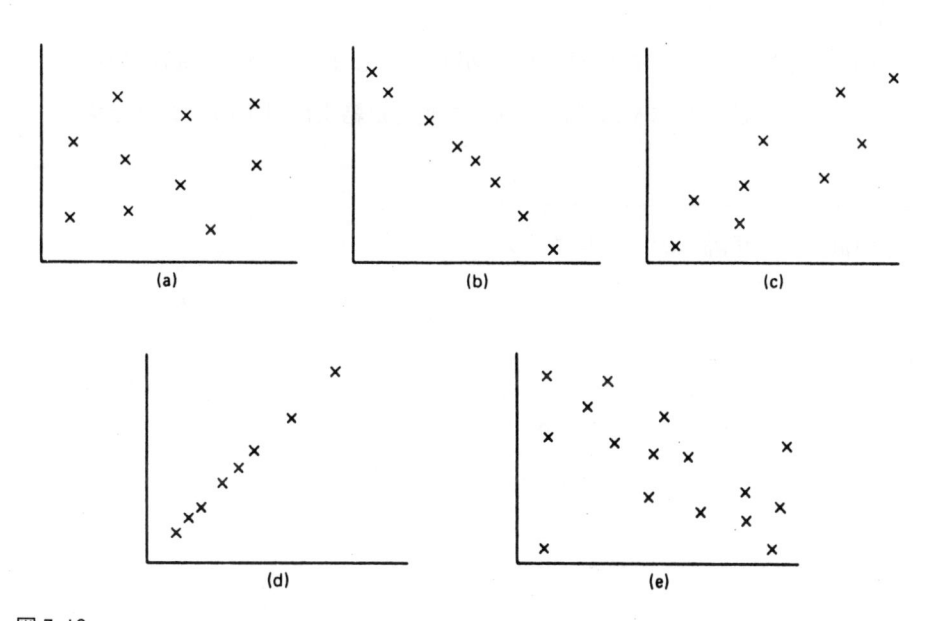

相関係数は何ですか．

答：（d）
　　（c）
　　（a）
　　（e）
　　（b）

13 相関係数の基本公式は，

$$\rho = \frac{1}{N}\Sigma \frac{(x-\mu_x)}{\sigma_x} \cdot \frac{(y-\mu_y)}{\sigma_y}$$

$$r = \frac{1}{n-1}\Sigma \frac{(x-\bar{x})}{s_x} \cdot \frac{(y-\bar{y})}{s_y}$$

です．

単純な例にこれを適用してみましょう．蛇（ごく普通の蛇）の月齢（月単位

■ 7章　2組の測定値の関係

の年齢）と長さ（インチ）の関係に関心があるとしましょう．月齢が分かっている3匹の蛇の標本を得て，それらを測った結果は以下のとおりです．

蛇の番号	年齢 (x)	長さ (y)
1	1	4
2	2	6
3	3	8
	$\bar{x}=2$	$\bar{y}=6$
	$s_x=1$	$s_y=2$

これは標本なので，相関係数に用いなければならない公式は $r=$ _____ です．

答：$r=\dfrac{1}{n-1}\sum\dfrac{(x-\bar{x})}{s_x}\cdot\dfrac{(y-\bar{y})}{s_y}$

14 それぞれの蛇について $(x-\bar{x})/s_x \cdot (y-\bar{y})/s_y$ を計算しなければなりません．$(x-\bar{x})/s_x$ は，与えられた蛇の月齢が標準偏差で何個分平均値から離れているのかを表していることに注意してください．これは z スコアの形式です．$(y-\bar{y})/s_y$ は，何を表していますか．_____

答：与えられた蛇の長さが標準偏差で何個分平均値から離れているのかを表しています．

15 それぞれの蛇についての $(x-\bar{x})/s_x \cdot (y-\bar{y})/s_y$ を求めるために，次の表を

完成させなさい．

月齢(x)	$(x-\bar{x})$	$\dfrac{x-\bar{x}}{s_x}$	長さ(y)	$(y-\bar{y})$	$\dfrac{y-\bar{y}}{s_y}$	$\dfrac{(x-\bar{x})}{s_x}\cdot\dfrac{(y-\bar{y})}{s_y}$
1	___	___	4	___	___	___
2	___	___	6	___	___	___
3	___	___	8	___	___	___
	$\bar{x}=2$			$\bar{y}=6$		
	$s_x=1$			$s_y=2$		

答：

月齢(x)	$(x-\bar{x})$	$\dfrac{x-\bar{x}}{s_x}$	長さ(y)	$(y-\bar{y})$	$\dfrac{y-\bar{y}}{s_y}$	$\dfrac{(x-\bar{x})}{s_x}\cdot\dfrac{(y-\bar{y})}{s_y}$
1	-1	-1	4	-2	-2	$+1$
2	0	0	6	0	0	0
3	$+1$	$+1$	8	$+2$	$+1$	$+1$

16 この例において $(x-\bar{x})/s_x \cdot (y-\bar{y})/s_y$ はいくつですか．あなたの表を用いて合計を求めなさい．

答：$1+0+1=+2$

17 r を計算しなさい．

■ 7章　2組の測定値の関係

$$r = \frac{1}{n-1} \sum \frac{(x-\bar{x})}{s_x} \cdot \frac{(y-\bar{y})}{s_y}$$

答：$r = \dfrac{1}{3-1} \cdot 2 = +1.0$

18 ＋1.0の相関係数は観測値のすべてのペアにおいて，$(x-\bar{x})/s_x$ と $(y-\bar{y})/s_y$ が完全に等しいことを意味します．蛇の長さが平均値よりも標準偏差2個分大きい時，その年齢は＿＿＿＿＿＿＿＿＿＿＿＿＿＿．

答：平均値よりも標準偏差2個分高い

19 もし相関係数が＋1.0ならば，1つの測定値についての情報は，もう一方の測定値がどのような値をとらなければならないかを正確に示します．たとえば，3匹の蛇に代わって，大きな母集団を持っているとします．月齢についての平均値は12ヶ月で，標準偏差は4ヶ月です．長さについての平均値は25インチで，標準偏差は8インチです．月齢と長さの相関は $\rho = +1.0$ です．この母集団から無作為に1匹の蛇を取り出します．あなたはその月齢を正確に予測することができますか．

答：いいえ．あなたの最良の推測は12ヶ月ですが，あなたが精密に正しい見込みは小さいです．

20 その長さを正確に予測できますか．

答：いいえ

相関係数

21 ある蛇を選び，その月齢が分かっています．その長さを正確に予測することができますか．

答：はい．もしその月齢が平均値から標準偏差何個分上あるいは下であるのかが分かっているならば，その長さが平均値よりも同じ標準偏差の数だけ上あるいは下でなければならないことが分かります．

22 もし相関係数が－1.0ならば，ある測定値をもう一方の測定値を得ることで正確に予測することが可能です．$r = -1.0$の時，$(x - \bar{x})/s_x = -(y - \bar{y})/s_y$です．平均値よりも標準偏差2個分上の$x$のスコアは，平均値よりも標準偏差2個分（上/下）のyのスコアを伴います．

答：下

23 あなたは，コンピュータープログラムのコードの行数と完成した後で見つかるバグ（エラー）の数の関係について研究しています．コンピュータ・サイエンスの学生によって書かれたプログラムの大標本において，コードの行とバグの数の相関は，＋0.96です．もしあるプログラムのコードの行数が分かっているならば，そのプログラムで見つけられるバグはいくつであるかを正確に述べることができますか．

答：いいえ．関係は強いが完全ではない．

24 この相関係数にもとづいて，コードの行とバグがプログラムの標本においてどのように関係しているのかを一般的な用語を用いて述べなさい．

答：プログラムが長ければ長いほどバグの数が大きくなる傾向がある．

■7章　2組の測定値の関係

25 もしあるプログラムにおけるコードの行数がわかっていれば，プログラムの長さが分かっていない時よりも，見つかるバグの数の正確な予測を行うことができますか．

答：はい

26 蛇のケースにおいて，蛇の月齢は，その長さの変動すべてを説明しているということができます．つまり，その月齢が分かれば，その長さを正確に予測するとができます．コンピュータプログラムのケースにおいては，コードの行数はバグの数の変動すべてを説明していますか．

答：いいえ

27 相関係数の2乗は，y の変動の何%を x で説明されるのかを示します．たとえば，プログラムの標本において，プログラムの長さの違いで説明されるバグの数の変動の割合は，r^2 つまり_____です．

答：92パーセント

28 もしある学生の母集団において適性検査のスコアと成績の平均点の相関が0.70ならば，適性検査のスコアは，_____パーセント学問的な成績の変動を説明しています．

答：49

29 学問的な成績における変動の49パーセントは適性検査のスコアで「説明」されると述べる場合，原因と結果の関係を述べる必要がないことを覚えて

おくことは重要です．これは単にある変数でどの程度もう1つの変数が予測されうるのかを述べているにすぎません．たとえば学問的な成績（成績の平均点）を適性検査のスコアを予測するために用いることができますか．

答：はい

30 成績の平均点と適性検査のスコアの相関は+0.70です．それゆえ学問的な成績は＿＿＿＿の変動の $r^2=49$ パーセントを「説明」しています．

答：適性検査のスコア

31 ある研究者は，適切な標本における，就労者の生涯賃金と死亡年齢を測定することができます．生涯賃金と寿命の相関は+0.80です．この研究者は，早く死ぬ原因は貧困であると結論付けています．統計的な情報はこの結論を支持していますか．それはなぜですか．

答：いいえ．相関係数はどちらの測定値が原因でどちらが結果であるか，あるいはその他の要因が両方の測定されたものに存在するかについて示すものではありません．早くに死ぬことは，おそらく生涯賃金を減らすでしょう．健康問題は，早く死ぬことと低賃金の両方を引き起こすかもしれません．すべての研究者がこの相関から結論付けられることは，早く死ぬことと低い生涯賃金が同時に生じるということです．

■7章　2組の測定値の関係

r を計算する

多くは合理的な目的のために，相関係数はコンピュータで計算されます．それでも，少なくともあなたの人生において一度は，コンピュータが正しいのかをチェックできるように手計算で相関係数を計算するべきです．

32 r を計算するためにすべてのペアのスコアについて $(x-\bar{x})/s_x$ と $(y-\bar{y})/s_y$ を計算する必要はありません．実際，もし次の公式を使うと計算量は減ります．

$$r = \frac{n\sum(xy) - (\sum x)(\sum y)}{\sqrt{[n\sum x^2 - (\sum x)^2][n\sum y^2 - (\sum y)^2]}}$$

がんばって！　この公式は見た目ほど難しくはありません．あなたは，標準偏差あるいは分散分析の計算のために用いたものと同じような表を用いることができます．$x=1, 2, 4, 5, 5$ と $y=2, 4, 5, 7, 8$ というペアのデータにとっての r の計算を完成させるために以下の表からの情報を用いなさい．（もし計算機を持っているなら，使うとよいでしょう）

x	x^2	y	y^2	xy
1	1	2	4	2
2	4	4	16	8
4	16	5	25	20
5	25	7	49	35
5	25	8	64	40
17	71	26	158	105

答：$r = \dfrac{5(105)-(17)(26)}{\sqrt{[5(71)-(17)^2][5(158)-(26)^2]}} = +0.996$

33 以下のデータについて表を作成し，r を計算しなさい．

x	y
5	4
6	3
1	2
4	6
2	3

答：

x	x^2	y	y^2	xy
5	25	4	16	20
6	36	3	9	18
1	1	2	4	2
4	16	6	36	24
2	4	3	9	6
18	82	18	74	70

$$r = \dfrac{5(70)-(18)(18)}{\sqrt{[5(82)-(18)^2][5(74)-(18)^2]}} = \dfrac{26}{\sqrt{[86][84]}} = +0.41$$

■7章　2組の測定値の関係

仮説検定を行う

他の統計量と同じように，標本分布を参照することで標本の基になる母集団の中の相関についての結論を導くことができます．つまり相関係数の有意水準を検定することができます．

34 小標本の対の観測値を扱うと，偶然に相関を見つけることが非常によく起こります．たとえば以下の空白の中で，a列にあなたの社会保障番号の最後の7文字とb列にあなたの電話番号を書いていきます．そして，この2組の観測値の相関を計算します．もし必要ならば，巻末の表Ⅰの公式を参照するか，以下の公式を用いなさい．

$$r = \frac{n\sum(xy) - (\sum x)(\sum y)}{\sqrt{[n\sum x^2 - (\sum x)^2][n\sum y^2 - (\sum y)^2]}}$$

a（社会保険番号）		b（電話番号）		
x	x^2	y	y^2	xy
$\sum x =$	$\sum x^2 =$	$\sum y =$	$\sum y^2 =$	$\sum xy =$

答：おそらく r の値に，0以外の何らかの数値を得たでしょう．その値が $+0.75$ から -0.75 の間にある確率は95%です．

35 まさに期待されたように，ある特定の仮定の下で r についての理論的標本分布を作成することができます．具体的にいうと，もし x と y の両方が正規に分布しており，相関がゼロの母集団から無作為に標本を取り出すと仮定することで r がとり得る様々な値の確率を計算することができます．この情報は，巻末の表VIIに示されています．表のタイトルは何ですか．

答：r の棄却値

36 母集団の相関 ρ がゼロであるという帰無仮説を検定するために表VIIを用いることができます．たとえば，ある研究者が血圧と血中のある特定の化学物質の間には相関があると考えています．彼女はこの両方が正規に分布していることを知っています．27人の無作為標本から相関係数を計算します．帰無仮説は何ですか．$\rho = $ _____

答：0

37 対立仮説は何ですか．

答：$\rho \neq 0$

38 棄却域を構築する際，この研究者は標本分布の（両端／片端）について考察を行うでしょう．

答：両端

■7章 2組の測定値の関係

39 5％の有意水準を用いましょう．標本分布の両端を考慮するため，我々の標本数における0.025に対応するrの棄却値を求めなければなりません．棄却値は何ですか．

答：0.396

40 棄却域は何ですか．

答：$r \geq +0.396$あるいは$r \leq -0.396$

41 もしこの研究者が彼女の標本から$r=-0.29$との値を得ると，帰無仮説を棄却できますか．

答：いいえ

42 あなたは，タイピストの打つ一分間あたりの語句の速さと1ページあたりのエラーの比率には負の相関があると考えています．つまり，速いタイピストは遅い人よりも（多くの/少ない）エラーを生じる傾向にあります．

答：少し

43 あなたは，20人のタイピストの標本を用いてこの理論を検定します．1％の有意水準を用いて，この理論の適切な統計的検定の概要を述べなさい．

　　帰無仮説　_____
　　対立仮説　_____
　　有意水準　_____
　　棄却域　　_____

答：帰無仮説　$\rho = 0$
　　　対立仮説　$\rho < 0$
　　　有意水準　$\alpha = 0.01$
　　　棄却域　　$r \leq -0.516$

44 r の棄却値の表を用いるには以下の2つの仮定が置かれます．
(a)　2つの測定値は，＿＿＿＿に分布しています．
(b)　標本は，＿＿＿＿に選ばれます．

答：(a)　正規
　　(b)　無作為

45 タイピングのスピードとエラー率の関係についての理論を検定するために，とても速いタイピストを5人，どちらかというと速いタイピストを5人，どちらかというと遅いタイピストを5人，とても遅いタイピストを5人標本として選びました．この手順はあなたの統計的検定の仮定に適合しますか．それはなぜですか．

答：いいえ．これは無作為標本ではありません．なぜなら全てのタイピストが同じ確率で選ばれていないからです．あなたは，r の棄却値の表を用いることができませんが，これからすぐに見ていくように，他の統計的手順を用いることができます．

46 たくさんの変数のデータを集め関係を探すための調査研究を行うことは研究者にとって一般的ではありません．たとえば，あなたはたくさんの変数－年齢，教育期間，所得等々－について投票者の標本からデータを集めています．12の変数間の（66の相関係数）相関係数を計算するためにコン

■7章　2組の測定値の関係

ピュータを使います．これらのうち，3つは5％水準で有意です．これらの3つの変数のペアは標本を取り出した母集団において，相関しているとの理論を支持しますか．それはなぜですか．

答：いいえ．66の相関係数を計算する時，それらの5％（平均3.3）は，偶然に5％の水準で有意であると予想していなければなりません．

表計算ソフトによる相関の計算

注意事項―この章でカバーされている項目に関係する表計算関数の名前は，誤解を招くかもしれません．たとえば，CORREL という名前の表計算関数は，あなたが予想したかもしれない標本相関 r ではなく，母集団の母数 ρ を計算します（但しこれら2つは同じ数値を返してきます．しかしデータが母集団あるいは標本に基づいているのかを確認するべきです）．

それでもやはり，表計算に作業をさせることができます．知っておくべき関数は次のものです．

	Microsoft Excel	Lotus 1-2-3
母相関	=CORREL（配列 x，配列 y）	@correl（範囲 x，範囲 y）
標本相関	=PEARSON（配列 x，配列 y）	なし

47 あなたは，ピザの注文を夕方遅くすればするほど，大きなピザになるという理論を持っています．2週間の間，あなたは，夕方の間のいろいろな時間にピザを注文し，（食べる前に）その直径を計ります．表計算シートのセル B11 から B24 にピザの注文を行った正確な時間を入力します．セル C11 から C24 にそれぞれのピザのセンチメートル単位の直径を入力します．注文時間とピザの直径の間の相関を求めるために用いる公式は何ですか．（あなたの使っている表計算ソフトで質問に答えなさい．）＿＿＿＿＿＿＿

答：もし Microsoft Excel を使っているならば，＝PEARSON（B11：B24，C11：C24）です．

巻末の表Ⅶに示されている r の棄却値は，t 分布から導出されたものです．表計算ソフトは与えられた r の値の確率を計算する別個の関数あるいは与えられた確率水準に対応する r の値を求める逆関数を持っていません．そこで，以下の公式を r と t 分布を関係付けるために用いることができます．

$$t_{n-2}=\frac{r\sqrt{n-2}}{\sqrt{1-r^2}}$$

この計算は手で行うには少々やっかいですが，表計算シートでは簡単に行うことができます．

	Microsoft Excel	Lotus 1-2-3
t 値を求める	＝(r＊SQRT(n－2))/SQRT(1－r＊r))	(r＊@sqrt(n－2))/@sqrt(1－r＊r))
両側確率を求める	＝TDIST(t, n－2, 2)	@tdist(t, n－2, 1, 2)

■7章　2組の測定値の関係

ピザの例を続けます．以下のセルに標本統計量を表示させる公式を入力していると仮定します．

　　セル E5 に r

　　セル E6 に r^2

　　セル E4 に観測値の数（n）

48 セル E7 に t 値を表示させ，セル E8 に結果の有意水準を表示させる公式を入力したいと思っています．（あなたの使っている表計算ソフトで質問に答えなさい．）

　　　E7 に入力する公式は何ですか．＿＿＿＿＿＿＿

　　　E8 に入力する公式は何ですか．＿＿＿＿＿＿＿

答：もし Microsoft Excel を使っているならば，
　　E7 に，＝(E5＊SQRT（E4－2))/SQRT（1－E6))
　　E8 に，＝TDIST（E7，E4－2，2）です．
もし Lotus 1-2-3 を使っているならば，
　　E7 に，(E5＊@sqrt（E4－2))/@sqrt（1－E6))
　　E8 に，@tdist（E7，E4－2，1，2）です．

予　　測

しばしばある測定値を，もう一方の測定値を予測するために用いたいと考えます．たとえば，学業成績あるいは仕事の業績を予測するために適性検査を用いるかもしれません．また製品の売上を予測するために広告量を用

予　測

いる，あるいは作物の成長率を予測するために降雨量を用いるでしょう．そのような予測を展開するための方法を回帰分析（regression analysis）と呼びます．

49 以下の散布図について考えます．これは，指の器用さのテストと流れ作業の仕事における生産性の関係を表しています．

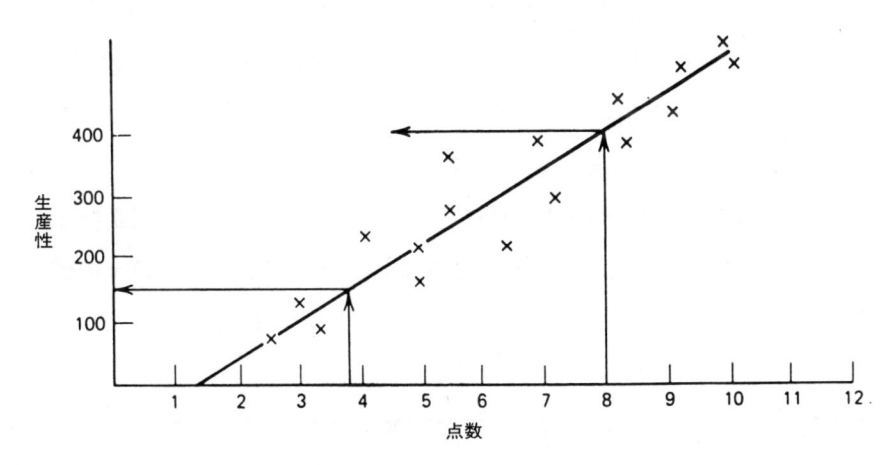

図 7-11
器用さ V.S. 生産性

斜めの線は，2つの測定値の関係を表す最良の直線です．与えられたテストの点数に対する生産性の最良の予測を得るためにこの直線を用いることができます．たとえば，もしある人のテストの点数が3.75ならば，生産性の最良の予測値は，1日当り150単位となります．もしある人の点数が8.0ならば，生産性の最良の予測値は，＿＿＿＿＿＿となります．

答：1日当り400単位

50 散布図上の直線は，y の x への回帰線，あるいはこの場合には，＿＿＿＿＿の

■ 7章　2組の測定値の関係

_____への_____です．

答：生産性
　　テストの点数
　　回帰線

51 y の x への回帰線は，用いられた標本に基づいたすべての x の値に対する y の最良の予測を示します．もし2つの測定値の間に関係がなければ，回帰線は追加的に何か情報を与えるものではありません．もしあなたの標本において y と x の間に関係がなければ，(もし $r=0$ ならば) y の最良の予測値は，x の値にかかわらず，常に $\bar{y}$ となります．たとえば，図7-12の散布図に y の x への回帰線を書いてみましょう．$\bar{y}$ がすべての x の値にとっての y の最良の予測値であることを示すような線を書くべきです．

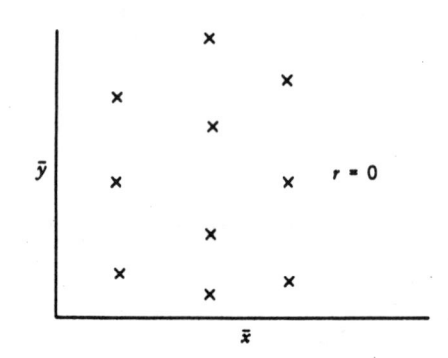

図 7-12
y の x への回帰を書く

答：

予　測

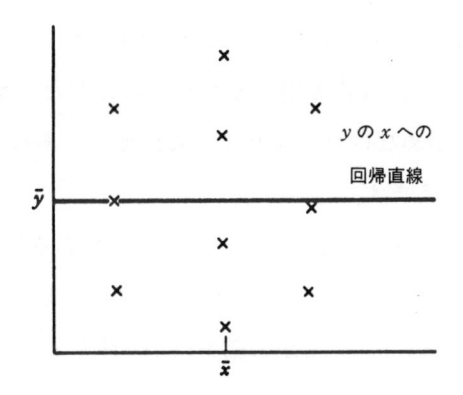

図 7-13
y の x への回帰直線

もし y を予測するために上に書かれた回帰線を用いるならば，あなたの予測は，あなたの持つ x の値にかかわらず常に $\bar{y}$ となります．

52 回帰線を用いる時には，2つの測定値の間の関係は線形だと仮定しています．もし2つの測定値の関係が強い曲線ならば，まっすぐな回帰線は，よい予測を与えますか．

答：いいえ

53 2つの測定値の関係が線形であることを確かめるために散布図を書くことは重要ですが，予測を行うために散布図から読み取る必要はありません．散布図を読み取るのと同じ数学的な方法は，以下の公式を用いて行なうことができます．

$$y = \bar{y} + b(x - \bar{x})$$

答：

$$b = r\frac{s_y}{s_x} \text{ あるいは } \frac{n\sum(xy) - (\sum x)(\sum y)}{n\sum x^2 - (\sum x)^2}$$

■7章　2組の測定値の関係

この公式は，与えられたいかなる x の値にとっても y の可能な最良の予測値を与えます．公式を用いるために，あなたの標本データに基づいて $\bar{x}, \bar{y}, b$ を求めなければなりません．そしてあなたが必要とするどんな値の x にも使えます．

手順を適用してみましょう．以下データは，あるデパートにおける広告費（1千ドル単位）と売上（1万ドル単位）をあらわしています．あなたの問題は，広告への＄1,600の支出の結果にから生じる売上を予測することです．

広告費 (×＄1,000)	売上 (×＄10,000)
5	4
6	3
1	2
4	6
2	3

これらの数はフレーム34で使われたものと同じなので，そのフレームの計算を見直すことで，数学力を保持することができます．でははじめに，$\bar{x}$ と $\bar{y}$ は何ですか．

答：$\bar{x} = 3.6$
　　$\bar{y} = 3.6$

54 それでは，b を計算しなさい．上の公式とフレーム34の作業を参考にしなさい．あなたは，すでに必要な項目の多くを計算しています．

$$b = \underline{\qquad}$$

答：

予　測

$$b=\frac{n\sum(xy)-(\sum x)(\sum y)}{n\sum x^2-(\sum x_2)^2}=\frac{5(70)-(18)(18)}{5(82)-(18)^2}=0.302$$

55 $1,600の広告から生じる売上を予測したい．あなたの用いる x の値は何ですか．（与えられたデータは1000ドル単位であることに注意してください）

答：1.6

56 y の値を予測するために，回帰式 $y=\bar{y}+b(x-\bar{x})$ を用いなさい．
　　　$y=$ _____

答：$y=\bar{y}+b(x-\bar{x})=3.6+0.302(1.6-3.6)=3.6-0.604=3.0$
　　つまり $30,000

57 同じ標本に基づけば，$46,000の広告費から予測される売上はいくらですか．

答：$y=\bar{y}+b(x-\bar{x})=3.6+0.302(4.6-3.6)=3.6+0.302=3.9$
　　つまり $39,000

58 ある測定値の値を予測するために回帰式を用いる場合，標本の測定値の関係が全体としてあるいは部分的には偶然によるものである危険を免れません．y の分布について特定の複雑な仮定を置くことで，予測に対する信頼区間を設定することが可能です．しかしこれらの手順はこの本の範囲外となります．もう一つの回帰式への便利なチェックは，交差確認です．ある標本で展開した回帰式を，新しい標本の y の値を予測するために用いて予測の正確性をチェックすることができます．たとえば，ある研究者は，

■ 7章　2組の測定値の関係

聴覚識別検査（リスニングテスト）に基づいて外国語学習の成果を予測する方法を開発しています．彼は，標本に基づいて以下のように計算しています．

$$\bar{x}=10 \qquad \bar{y}=50 \qquad b=5.0$$
（リスニングテスト）　　（語学テスト）

y を予測するための適切な回帰式を書きなさい．

$y=$ _____

答：$y=\bar{y}+b(x-\bar{x})=50+5.0(x-10)=5x$

59 回帰式の交差確認を行うために，この研究者は（新しい標本/同じ標本）を用います．

答：新しい標本

60 新しい標本で，研究者は，5, 6, 8, 12, 15というリスニングテストのスコアを得ています．予測される語学学習のスコアは何点ですか．回帰式に適用しなさい．

x	y（予測値）
5	_____
6	_____
8	_____
12	_____
15	_____

答：

x	y（予測値）
5	25
6	30
8	40
12	60
15	75

61 求めた実際のスコアは以下のとおりです．

x	y（予測値）	y（実績値）
5	25	23
6	30	35
8	40	41
12	60	58
15	75	75

予測はかなり（正確/不正確）に現われています．

答：正確

62 あなた自身の言葉で簡単に交差確認について述べなさい．

答：あなたの答は以下のポイントを含んでいなければなりません．

  (a) 新しい標本を得る

（b）　スコアを予測するために回帰式を用いる
　（c）　実際のスコアと予測されたスコアを比較する

自己診断テスト

もしうまくこの章を完成させているならば，2つの測定値の関係を統計的に記述し，検定することができます．あなたは以下のことができるようになっています．

● 散布図を描く．
● 相関係数を計算し，$r=0$の帰無仮説を検定する．
● 相関が生じているもう一方の測定値を基にある測定値を予測するために回帰式を用いる．

では，次の復習問題に挑戦してみましょう．巻末の表Ⅰに参照するのに必要な公式を載せています．

1．以下のペアのデータで散布図を描きなさい．
　　x：1, 2, 3, 5, 7, 8, 10, 11
　　y：1, 2, 4, 5, 4, 3, 1, 1

2．問題1のデータにおけるxとyの関係を述べなさい．相関係数は，関係の強さに対する適切な測度ですか．

3．以下のペアのデータについてのrを計算しなさい．
　　x：2, 3, 3, 4, 5, 5, 6
　　y：7, 6, 5, 4, 3, 2, 1

4．問題3のデータについて，xとyのスコアの母集団において相関がないという帰無仮説にとっての適切な統計的検定の概要を述べなさい．1％の有意水準を用いなさい．問題3において得られるrは有意ですか．

5．問題3のデータを用いてyを予測するために回帰式を作成しなさい．もし$x=5$ならば，yの最良の予測値は何ですか．

予　測

答　問題を復習するためには，答の後に示されたフレームを学習しなさい．

1．あなたの散布図は，以下のようになっていなければなりません．

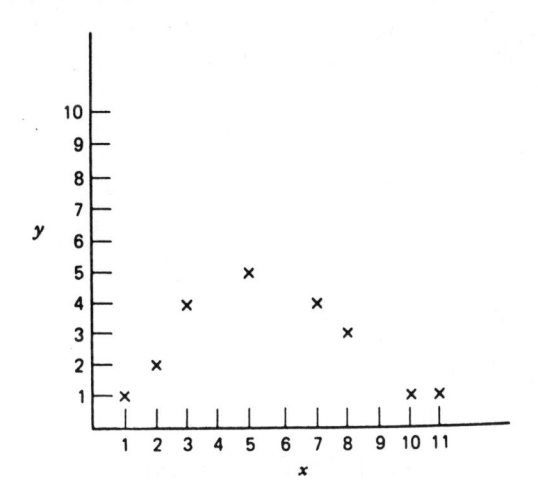

図 7-14
散布図

フレーム1から4参照．

2．関係は曲線です．それゆえ，r はこの関係の強さに対する適切な測度ではありません．フレーム6から11参照．

3.

x	x^2	y	y^2	xy
2	4	7	49	14
3	9	6	36	18
3	9	5	25	15
4	16	4	16	16
5	25	3	9	15
5	25	2	4	10
6	36	1	1	6
28	124	28	140	94

7章　2組の測定値の関係

$$r=\frac{n\sum(xy)-(\sum x)(\sum y)}{\sqrt{n\sum x^2-(\sum x)^2][n\sum y^2-(\sum y)^2]}}=\frac{7(94)-(28)(28)}{\sqrt{[7(124)-(784)][7(140)-(784)]}}$$

$$=\frac{-126}{\sqrt{16464}}=\frac{-126}{128}=-0.98$$

フレーム32から33参照．

4．

　　　帰無仮説　$\rho=0$

　　　対立仮説　$\rho\neq 0$

　　　有意水準　$\alpha=0.01$

　　　棄却域　　$r\geq+0.875$ あるいは $r\leq-0.875$

$r=-0.98$ なので，帰無仮説は棄却されます．フレーム34から46参照．

5．$\bar{x}=4$

　　　$\bar{y}=4$

　　　$b=\dfrac{n\sum(xy)-(\sum x)(\sum y)}{n\sum x^2-(\sum x)^2}=\dfrac{7(94)-(28)(28)}{7(124)-(28)^2}=\dfrac{-126}{84}=-1.5$

　　　$y=\bar{y}+b(x-\bar{x})=4-1.5(x-4)$

もし $x=5$ ならば，$y=4-1.5(5-4)=2.5$

フレーム49から62参照．

8章　分布の検定

多くのデータは，度数やカテゴリーの形態で得られます．たとえば，1章のはじめのデータセットを考えましょう．"青の目，ブラウンの目，緑の目…"あるいは，"ステーションワゴン，スポーツカー…"といったものでした．カイ2乗（χ^2）と呼ばれる標本分布を用いて，与えられた標本が，与えられた分布の母集団から取り出された可能性を判断することができます．

正式な仮説検定にカイ2乗を用いる際に重要なことは，帰無仮説にとっての適切な母集団のモデルを提案することができるということです．少し工夫することで，他の統計的検定の適用が疑わしいような多くのケースにおいてカイ2乗検定を用いることが可能です．たとえば，測定値が正規分布でないあるいは分散が等しくないといったケースがあります．

この章を仕上げると，以下のことができるようになります．

- 1変数のデータで χ^2 検定を行う．
- 2変数のデータで χ^2 検定を行う．
- 分散分析あるいは t 検定の代わりに適切である際に χ^2 検定を用いる．

分布のカイ2乗検定

χ^2（ギリシャ文字のカイ（キ））分布は，標本が与えられた分布を持つ母集団から取り出されたという仮定を検定するための理論的標本分布です．これによってあなたは理論あるいは帰無仮説から導出された母集団分布を持つ

■8章 分布の検定

標本分布を比較し，その標本が十分にその母集団からの無作為標本であるのかを判断することができます．

1 遺伝子学の理論にもとづいて，ギニア豚のある母集団の，40パーセントが茶色であり，40パーセントがぶちであり，20パーセントが白だと予想しています．50匹のギニア豚の標本について予測される色の分布は何ですか．以下の表を完成させなさい．

	茶色	ぶち	白
ギニア豚の予測される数			

答：

	茶色	ぶち	白
ギニア豚の予測される数	20	20	10

2 50匹のギニア豚の標本において，茶色が30匹，ぶちが15匹，白が5匹見られます．以下の表に，観測値と理論的な予測値との比較を示しています．

	茶色	ぶち	白
予測値	20	20	10
観測値	30	15	5

予測値との差は，偶発性によって説明できますか．あるいは，あなたの予測の基礎となる理論を棄却しなければなりませんか．このことを判断するために，χ^2 の値を計算します．

χ^2 の公式は，

$$\chi^2 = \Sigma\left[\frac{(f-F)^2}{F}\right]$$

この公式において，F は与えられたカテゴリー（あるいはセル）の予測度数であり，f は観測度数です．ここの例では，以下のように計算します．

f	F	$(f-F)$	$(f-F)^2$	$(f-F)^2/F$
30	20	+10	100	5
15	20	−5	25	1.25
5	10	−5	25	2.5

$$\Sigma\left[\frac{(f-F)^2}{F}\right] = 8.75$$

χ^2 の値は何ですか．

答：$\chi^2 = 8.75$

3 もし理論に基づく予測度数（F）と観測度数（f）の差が大きくなる傾向にあるならば，χ^2 は（大きく/小さく）なります．

答：大きく

4 小さな χ^2 の値は何を示しますか．

■8章　分布の検定

答：観測度数は，理論的な予測値に近づく傾向にあります．$(f-F)^2$ は，小さくなる傾向にあります．

5 χ^2 の公式を見てください．χ^2 は負の値をとり得ますか．

答：いいえ．$(f-F)^2$ は常に正の値です．それゆえ χ^2 は常に正の値です．

6 8.75 という χ^2 の値が偶然得られる確率を求めるために，巻末の表Ⅷを参照することができます．それでは表を見てください．表を用いるために追加的に必要となる情報は何ですか．

答：自由度（df）を知る必要があります．

7 このケースにおいて，χ^2 の自由度はカテゴリーの数引く1です．ギニア豚の問題で用いる自由度はいくつですか．

答：2

8 8.75 の大きさの χ^2 の確率はどの程度ですか．

答：0.025 未満（0.025 から 0.01 の間）

9 あなたは，週末に最も自殺が試みられるであろうと考えています．この理論を検定するために警察から自殺未遂の調書を得ています．過去2年間に，147件の未遂が報告されています．分布は以下のとおりです．

分布のカイ２乗検定

	日	月	火	水	木	金	土	合計
未遂の件数	32	10	13	13	4	40	35	147

統計的検定にとっての適切な帰無仮説は，その週の全ての曜日で発生する件数が同じであるというものです．以下の表の予測度数を計算するためにこの理論を用いなさい．合計数をグループの中で等しく振り分けなさい．

	日	月	火	水	木	金	土	合計
予測値								

答：

	日	月	火	水	木	金	土	合計
予測値	21	21	21	21	21	21	21	147

（７つのカテゴリーがあるので，それぞれのカテゴリーにとっての予測される数は，合計の1/7となります．）

10 この場合 χ^2 の自由度は何ですか．

答：df＝6

11 １％の有意水準で χ^2 の棄却域を作成するために表Ⅷを用いなさい．

答：$\chi^2 \geq 16.81$

■8章　分布の検定

12 χ^2を計算しなさい．帰無仮説を棄却できますか．

答：

f	F	$(f-F)$	$(f-F)^2$	$(f-F)^2/F$
32	21	11	121	5.8
10	21	-11	121	5.8
13	21	-8	64	3.0
13	21	-8	64	3.0
4	21	-17	289	13.8
40	21	19	361	17.2
35	21	14	196	9.3
				57.9

$\chi^2 = 57.9$

帰無仮説は棄却できます．

13 この統計的検定について，注意しなければならない重要な事柄があります．カテゴリーの順番は，χ^2の値に何の影響も与えません．差の大きさのみが問題となります．その結果，もしあなたの分布が以下のようになっているならば，同じ値のχ^2が得られます．

	日	月	火	水	木	金	土	合計
未遂の件数	13	13	35	40	32	10	4	147

これらの結果はあなたの理論を支持していますか．それはなぜですか．

答：いいえ．これらのデータは自殺未遂が週の半ばに行われると示しています．

14 帰無仮説を棄却するために χ^2 検定を用いる時，常にデータが対立仮説を支持しているかを確かめるために見直さなければいけません．例えば，バラ園の虫の生息数の調査を行っているとします．いくつかの大きな標本をもとに，虫の生息数は以下のように分布していると結論付けています．

  てんとうむし 20％
  土蜘蛛   20％
  ぞうむし   30％
  あぶらむし 25％
  しゃくとりむし 5％

今，てんとう虫や土蜘蛛に影響しないように，害虫となるぞうむし，あぶらむし，しゃくとりむしを駆除するために考えられた殺虫剤を庭にまきます．

殺虫剤の効果をチェックするために，無作為に150匹の虫を集めます．標本にはそれぞれ以下のように含まれています．

  てんとうむし 25
  土蜘蛛   45
  ぞうむし   45
  あぶらむし 25
  しゃくとりむし 10

予測度数を決めるためにこの調査を用いなさい．χ^2 を計算し，これらの質問に答えなさい．

(a)　虫の分布は，有意に変化していますか（5％水準）．

■8章 分布の検定

（b） 殺虫剤は期待された効果を持っていますか．

答：

f	F	$(f-F)$	$(f-F)^2$	$(f-F)^2/F$
25	30	−5	25	0.83
45	30	15	225	7.50
45	45	0	0	0.00
25	37.5	−12.5	156.25	4.17
10	7.5	2.5	6.25	0.83
				13.33

$\chi^2 = 13.33$

df = 4

棄却域：$\chi^2 \geq 9.49$

（a） 虫の分布は有意に変化しています

（b） 殺虫剤は，期待された効果を持っていません．理論的には，てんとう虫と土蜘蛛の割合はぞうむし，あぶらむし，しゃくとりむしの割合が少なくなる時に多くなるはずです．にもかかわらずゾウムシは影響受けず，てんとう虫が減少し，しゃくとりむしが増えています．土蜘蛛とアブラムシのみ予測された方向に変化しています．

2変数によるカイ2乗検定

カイ2乗は，2つの変数に基づく分布についての仮説を検定するために用

いることができます．これを行うためには，2つの変数にもとづいてカテゴリーを作成し，それぞれのカテゴリーにおける観測値の度数を予測しなければなりません．

15 ある研究者は，人々は同じ髪の色の配偶者を選ぶ傾向にあると考えています．この理論は2つの変数（夫の髪の色と妻の髪の色）に基づいた分布を作成することで検定することができます．

	夫			
妻	レッド	ブロンド	ブラック	ブラウン
レッド				
ブロンド				
ブラック				
ブラウン				

この表にはいくつのセルあるいはカテゴリーがありますか．

答：16．夫と妻の可能な組み合わせの一つ一つが一つのカテゴリーとなります．

16 研究者の最初の課題は，それぞれのセルの予測度数を計算することです．これを行うためには，それぞれのカテゴリーにおける男性と女性の数を考えなければなりません．500組の観察を行っています．それぞれのカテゴリーにおける男性と女性の数が以下の表に示されています．さらに分かりやすくするために，それぞれのカテゴリーにおける男性の比率を下の段に載せています．

8章 分布の検定

	夫					
妻	レッド	ブロンド	ブラック	ブラウン	合計	%
レッド					50	
ブロンド					150	
ブラック					150	
ブラウン					150	
合計	50	100	150	200	500	
%	10%	20%	30%	40%	100%	

表の端の合計の欄は，周辺和と呼ばれます．何人の妻がブロンドですか．これを求めるために周辺和を見てください．

答：150

17 何人の夫がブラウンの髪ですか．何パーセントですか．

答：200
　　40%

18 全ての夫の40パーセントがブラウンの髪です．もし夫の髪の色と妻の髪の色に関係がなければ，それぞれのカテゴリーにおいて女性の約40パーセントがブラウンの髪の夫を持っていなければなりません．たとえば，150人のブロンドのうち何人がブラウンの髪の夫を持ちますか．

答：$0.40 \times 150 = 60$

19

すべての夫の10パーセントはレッドの髪をしています．50人のレッドの髪の妻のうち何人がレッドの髪の夫を持ちますか．

答：$0.10 \times 50 = 5$

20

ブラウンの髪の妻のうち何人がブロンドの夫を持ちますか．

答：$0.20 \times 150 = 30$

21

表の中の予測度数を埋めるためにこの方法を適用しなさい．

妻	夫 レッド	ブロンド	ブラック	ブラウン	合計	%
レッド	$F=$	$F=$	$F=$	$F=$	50	10%
ブロンド	$F=$	$F=$	$F=$	$F=$	150	30%
ブラック	$F=$	$F=$	$F=$	$F=$	150	30%
ブラウン	$F=$	$F=$	$F=$	$F=$	150	30%
合計	50	100	150	200	500	100%
%	10%	20%	30%	40%	100%	

答：

妻	夫 レッド	ブロンド	ブラック	ブラウン	合計	%

■ 8章　分布の検定

レッド	$F=5$	$F=10$	$F=15$	$F=20$	50	10%
ブロンド	$F=15$	$F=30$	$F=45$	$F=60$	150	30%
ブラック	$F=15$	$F=30$	$F=45$	$F=60$	150	30%
ブラウン	$F=15$	$F=30$	$F=45$	$F=60$	150	30%
合計	50	100	150	200	500	100%
%	10%	20%	30%	40%	100%	

22 この場合，自由度はそれぞれの方向のカテゴリーの数に依存します．これは，$(c-1)\times(r-1)$，つまり列の数マイナス1掛ける行の数マイナス1です．列は夫に関するのカテゴリーです．この問題では何列ありますか．

答：4

23 この問題の行は，＿＿＿に関するカテゴリーです．

答：妻

24 この問題において，$df=(c-1)\times(r-1)=$＿＿＿です．

答：$(4-1)(4-1)=9$

25 表の中に観測度数 f を加えています．χ^2 を計算し2つの質問に答えなさい．
(a)　χ^2 は1%水準で有意ですか．
(b)　人々が同じ髪の色の配偶者を選ぶ傾向にあるという研究者の理論をデータは支持していますか．

	夫					
妻	レッド	ブロンド	ブラック	ブラウン	合計	%
レッド	$F=5$ $f=10$	$F=10$ $f=10$	$F=15$ $f=10$	$F=20$ $f=20$	50	10%
ブロンド	$F=15$ $f=10$	$F=30$ $f=40$	$F=45$ $f=50$	$F=60$ $f=50$	150	30%
ブラック	$F=15$ $f=13$	$F=30$ $f=25$	$F=45$ $f=60$	$F=60$ $f=52$	150	30%
ブラウン	$F=15$ $f=17$	$F=30$ $f=25$	$F=45$ $f=30$	$F=60$ $f=78$	150	30%
合計	50	100	150	200	500	100%
%	10%	20%	30%	40%	100%	

答：

f	F	$(f-F)$	$(f-F)^2$	$(f-F)^2/F$
10	5	5	25	5.00
10	15	-5	25	1.67
13	15	-2	4	0.27
17	15	2	4	0.27
10	10	0	0	0.00
40	30	10	100	3.33
25	30	-5	25	0.83
25	30	-5	25	0.83
10	15	-5	25	1.67

■8章　分布の検定

50	45	5	25	0.56
60	45	15	225	5.00
30	45	−15	225	5.00
20	20	0	0	0.00
50	60	−10	100	1.67
52	60	−8	64	1.07
78	60	18	324	5.40
				32.57

（a）　χ^2 は有意です．df＝9．棄却域は $\chi^2 \geqq 21.67$ です．

（b）　データはこの理論を支持しています．なぜなら，夫と妻が一致したカップルの観測度数はすべてのケースにおいて予測されたものよりも大きくなっています．一方で，その他の観測度数の多くは等しいか予測されたものよりも少なくなっています．

26 1つのルールとして，χ^2 検定を用いるためには，それぞれのセルの予測度数は少なくとも5以上です．

このルールに対する例外はありますが，それらはこの本の範囲外となります．

もし100組の標本を持っているならば，フレーム18において χ^2 検定を行うことができますか．

答：いいえ．予測度数の多くが5未満です．

27 あなたは，金魚が住む水の産業汚染に対する金魚の感度について調査しています．何匹かはとても敏感です．それらは白く変色し，すぐに死にます．

2変数によるカイ2乗検定

他の何匹かはある程度敏感です．それらは苦しそうな動きをしますが死んではいません．多くは全く何の反応も示しませんでした．黒と赤の両方の金魚を用いているので，この2色の感度が異なるかを知りたいと思っています．以下の表は，色と感度に従って金魚のグループを分類しています．色と感度に関係がないという仮定の下で，予測度数を計算するために周辺和を用いてこれらの度数を表に書きこみなさい．

色		感度 高	中	低	合計	%
赤	F					
	f	4	4	22	30	60%
黒	F					
	f	6	6	8	20	40%
合計		10	10	30	50	

答：

色		感度 高	中	低	合計	%
赤	F	6	6	18		
	f	4	4	22	30	60%
黒	F	4	4	12		
	f	6	6	8	20	40%
合計		10	10	30	50	

■ 8章　分布の検定

28 この場合にこれらのデータに対して χ^2 検定を用いることができますか．それはなぜですか．

答：いいえ．予測度数が5未満です．

29 予測度数が5未満の場合，予測度数が十分に大きくなるようにカテゴリーを結合させることができます．このケースにおいて5よりも大きくなる予測度数を得るために2つの感度のカテゴリーを論理的に結合することができます．これを行うために，新しい表を用意します．今，表は4つのセルを持っています．

答：

色		感度 高 or 中	低	合計	％
赤	F	12	18		
	f	8	22	30	60％
黒	F	8	12		
	f	12	8	20	40％
合計		20	30	50	

30 この新しい表の自由度はいくつですか．

答：$(2-1)(2-1)=1$

χ^2 の棄却値を探すために表計算シートを用いる

期待されるように，与えられた値以上の χ^2 の確率を返す表計算関数があります．これに加えて与えられた有意水準に対応する χ^2 の棄却値を返す逆関数があります．

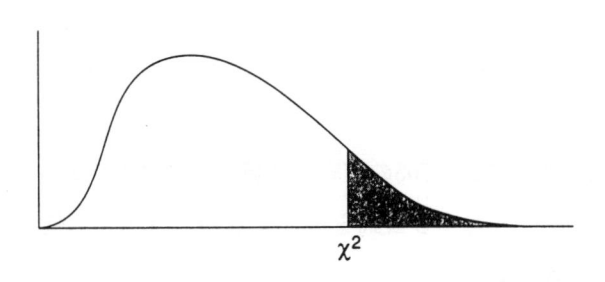

図 8-1
χ^2 分布

χ^2 分布は対称ではなく，決して負の値をとらず，棄却域は正のの大きな χ^2 値で構成されているという点において F 分布と似ています．

図 8-1 を見てください．曲線の下の影の部分は表計算関数で示す確率です．表計算ソフトは多くの刊行されている表と同じように，片側検定に対応した確率を返してきます．

χ^2 分布は，自由度に依存しているので，表計算関数を用いる時には常に自由度を特定しなければなりません．Microsoft Excel では，2 つの異なる関数，CHIDIST と CHIINV があります．Lotus 1-2-3 では，1 つの関数名ですが，2 つのタイプがあります．Type 0 は確率を，type 1 は χ^2 の棄却値を返してきます．

	Microsoft Excel	Lotus 1-2-3
確率を求める	=CHIDIST(χ^2, df)	@chidist(χ^2, df, 0)

■8章　分布の検定

χ^2の棄却値を求める　　　＝CHIINV(p, df)　　　@chidist(p, df, 1)

---

31 自由度9，有意水準5％に対応するχ^2スコアを計算するプログラムをあなたの表計算シートのセルに入力する公式を書きなさい．（あなたの使っている表計算ソフトで質問に答えなさい．）＿＿＿＿＿＿＿＿

答：もしMicrosoft Excelを使っているならば，＝CHIINV（0.05, 9）です．

　　もしLotus 1-2-3を使っているならば，@chidist（0.05, 9, 1）です．

32 自由度5，χ^2スコア11.0705の確率を計算するプログラムをあなたの表計算シートのセルに入力する公式を書きなさい．（あなたの使っている表計算ソフトで質問に答えなさい．）＿＿＿＿＿＿＿＿

答：もしMicrosoft Excelを使っているならば，＝CHIDIST（11.0705, 5）です．

　　もしLotus 1-2-3を使っているならば，@chidist（11.0705, 5, 0）です．

Microsoft ExcelとLotus 1-2-3の両方にχ^2検定の関数があります．これは予測されるデータと実際のデータを比較するためにχ^2検定を行うものです．これらの関数はあなたが比較したいデータを含む範囲を定義するよう要求してきます．関数は，あなたが選択したセルに確率値を返してきます．しかしながら，カイ2乗を計算するためにコンピュータを用いる時にも，予測度数を決定しそれらを手で計算しなければならないことに注意してください．

あなたが χ^2 検定関数を用いる時には，2組の標本データを含む範囲を定義します．表計算プログラムは，その場合，標本結果の片側確率を計算します．

公式は，

Microsoft Excel	Lotus 1-2-3
=CHITEST（配列1，配列2）	@chitest（範囲1，範囲2）

33 たとえば，あなたの観測したデータがセル A10 から A25 にあり，予測されるデータがセル B10 から B25 に入っているとします．観測されたデータは，偶発的な変動によるものであるという仮説を検定するために用いる公式は何ですか．（あなたの使っている表計算ソフトで質問に答えなさい．）＿＿＿＿
＿＿＿＿＿＿＿＿

答：もし Microsoft Excel を使っているならば，=CHITEST（A10：A25，B10：B25）です．
もし Lotus 1-2-3 を使っているならば，@chitest（A10..A25，B10..B25）です．

カイ2乗を用いる時

2つの平均値を比較するための t 検定と分散分析はどちらも母集団が正規に分布し，分散が等しいと仮定しています．χ^2 検定は，データがこれらの仮定を満たさない時によく用いられます．平均値を計算するために測定

■8章 分布の検定

値を用いる代わりに，たとえば，「高」「中」「低」あるいは平均値の上と下というように個々の観測値を分類するためにそれらを用います．カテゴリーの選択は，あなたの理論および理論的度数が適切な大きさとなる可能性に従いましょう．

34 ここに以前に考察した問題があります．以下は3つの異なる薬による精神患者の調整スコア（改善度）のまとめです．

グループ1	グループ2	グループ3
$\bar{x}=5$	$\bar{x}=10$	$\bar{x}=4$
$s=4$	$s=23$	$s=5$
$n=10$	$n=33$	$n=45$

3つのグループの分散が等しくないので，分散分析は適切ではありません．χ^2検定を準備するために用いるカテゴリーは何ですか．

答：グループ1，グループ2，グループ3，高い調整スコア，低い調整スコア．

35 t検定あるいは分散分析を用いることができる時には，これらの検出力はχ^2検定の検出力よりも強いのでこれらの検定を用いたほうが良いでしょう．なぜならば，あなたの理論が正しい時に，より帰無仮説を棄却しやすくなります．あなたは，学歴によって問題解決テストのスコアが異なるか否かに関心があります．あなたは単科大学，高校，工科大学のそれぞれの学歴について25人ずつの3つの標本を持っています．問題解決のスコアは正規に分布していて，標本分散はすべて非常によく似ています．これらのデータを考察するためにχ^2を用いることができますか．

答：はい．たとえば，高，中，低というように個々を分類するために問題解決スコアを用いて行います．

36 これらのデータを考察するために分散分析を用いることができますか．

答：はい

37 この場合，どちらの統計的検定を通常用いますか．

答：分散分析

38 大まかにどのように分布が異常であるのかを素速く，簡単にチェックしたいとします．χ^2 も分散分析も用いることができるならば，どちらを選びますか．

答：χ^2 を選ぶでしょう．通常計算がより簡単であり，この場合正確な仮説検定は求められていません．

自己診断テスト

もしうまくこの章を仕上げているならば，いまあなたは，母集団の分布についての仮説を検定するために，カイ2乗分布を用いることができます．あなたは以下のことができるようになっています．

- 適切な理論的母集団分布を展開し，1変数の度数のデータで χ^2 検定を行う
- 適切な理論的母集団分布を展開し，2変数の度数のデータで χ^2 検定を行う
- 分散分析あるいは t 検定の代わりに χ^2 を用いることができる状況を

■8章　分布の検定

認識する

では，これらの復習問題に挑戦してみましょう．巻末の表Ⅰに参照するのに必要な公式を載せています．

1. ある工場は鋳型の部品を作る4つの機械を持っています．500の部品の標本がそれぞれの機械ごとに集められています．そしてそれぞれの標本で欠陥のある部品の数が決定されています．

	機械			
	1	2	3	4
500個ごとの欠陥	10	25	0	5

機械の間に差がありますか．適切な統計的検定の概略を述べ，可能ならばこれらのデータが有意であるかを判断しなさい．

2. 問題1と同じ状況ですが部品の平均直径を測定しています．あなたは，4つの機械で作られる部品の平均直径は同じではないと考えています．あなたの統計的検定で最初に選択するものは何ですか．仮定には何が要求されますか．

3. 地域開発プログラムにおけるボランティアワーカーの脱落率には，大きなばらつきがあります．ここでの理論は，プログラムのゴールのセッティング段階におけるボランティアの介入率（企画への参加の度合）が脱落率に影響するとして進められます．新しいプログラムでは，27人のボランティアが活動の一部として目的セッティングのためのワークショップのシリーズに参加するために選ばれています．また他の23人のボランティアは単に仕事を指定されています．2ヶ月後の結果は以下のとおり

です．

	プログラムに残っている人	脱落した人	合計
ワークショップグループ	18	9	27
ワークショップグループ以外	10	13	23
合計	28	22	

これらの結果は有意ですか．適切な統計的検定の概要を述べ，必要な統計量を計算しなさい．

4．行動調査の一部として，標本となる男性と女性に対して，賛成か反対かに従って1から5の大きさで質問の点数をつけるように頼んでいます．以下の1つの質問に対する結果です．

	強く賛成				強く反対	
	1	2	3	4	5	合計
女性	3	14	10	16	7	50
男性	2	11	26	10	1	50
合計	5	25	36	26	8	100

男性と女性の解答に有意に違いがあるかを決定するために，χ^2 を用いなさい．

答 問題を復習するためには，答の後に示されたフレームを学習しなさい．

8章 分布の検定

1. この問題には，χ^2 を用いることができます．理論的分布からは，それぞれの機械から等しい数の欠陥品が求められます．

	機械				
	1	2	3	4	合計
F	10	10	10	10	40
F	10	25	0	5	40

F は，すべてのセルにおいて5よりも大きい．

f	F	$(f-F)$	$(f-F)^2$	$(f-F)^2/F$
10	10	0	0	0.0
25	10	15	225	22.5
0	10	-10	100	10.0
5	10	-5	25	2.50
				$\chi^2 = 35.0$
				df $= 3$

  $\alpha = 0.05$ における棄却域は $\chi^2 \geq 7.81$ です．
  $\alpha = 0.01$ における棄却域は $\chi^2 \geq 11.34$ です．
機械の間で有意な差があります．フレーム1から11参照．

2. 度数ではなく，個々の測定値を取り扱っているので，最初に選ぶべき検定は分散分析です．この検定は最大の検出力と，もしあなたの理論が

正しい時には帰無仮説を棄却する最大の可能性をもたらします．分散分析を用いるために，すべての機械の測定値の母集団はほぼ正規に分布しておりほぼ等しい分散を持つと仮定しなければなりません．フレーム34から38と6章のフレーム73から78参照．

3．カイ2乗が適切な検定です．帰無仮説は，ワークショップが脱落率に影響せず両方のグループにおいて同じ数の脱落者が出るというものです．対立仮説は異なる数が脱落するというものです．$\alpha=0.05$における棄却域は，$\chi^2 \geq 3.84$ (df=1) です．

f	F	$(f-F)$	$(f-F)^2$	$(f-F)^2/F$
18	15.12	2.88	8.29	0.5486
10	12.88	-2.88	8.29	0.6440
9	11.88	-2.88	8.29	0.6982
13	10.12	2.88	8.29	0.8196
				$\chi^2=2.709$

結果は有意ではありません．フレーム12から14参照．

4．標本の半分は女性で，半分は男性です．もし反応に違いがなければ，反応のそれぞれのカテゴリーにおける男性と女性の数は等しいと予測されます．これにもとづく予測度数は以下のとおりです．

	1	2	3	4	5
女性	2.5	12.5	18	13	4
男性	2.5	12.5	18	13	4

■8章　分布の検定

予測度数のうち，4つは5よりも小さいので，カテゴリーを結合させなければなりません．1と2，4と5のカテゴリーを結合させることで，χ^2を計算するのもよいでしょう．

		1と2	3	4と5
女性	F	15	18	17
	f	17	10	23
男性	F	15	18	17
	f	13	26	11

f	F	$(f-F)$	$(f-F)^2$	$(f-F)^2/F$
17	15	2	4	0.267
13	15	-2	4	0.267
10	18	-8	64	3.556
26	18	8	64	3.556
23	17	6	36	2.118
11	17	-6	36	2.118
				$\chi^2=11.882$

$\alpha=0.01$における棄却域は $\chi^2 \geqq 9.210 (df=2)$ です．差は有意です．フレーム26から30参照．

9章　2変数の相乗効果

　分散分析は，ある測定値への2つの実験的な処理に対する相乗効果の研究に拡張することができます．この分析方法は非常に効率的な実験計画をもたらします．つまり，相対的に小さな実験的観測値から，多くの仮説を検定することができます．これに反して，この本を全て終えた時に感じることは，実験的な観測値の方が通常は統計的分析よりも多くの成果をもたらすということです．このことから，2元配置分散分析は実験者にとても人気のあるテクニックです．

　この章を仕上げると簡単な2元配置分散分析を行い，解説することができるようになるでしょう．

1 しばしば，研究者は2つの変数によるある測定値（3つ目の変数）への相乗効果に関心があります．たとえば次のような問題を考えます．ある研究者が，メロンのつるから最大の生産をもたらす条件を決定しようとしています．そして，用いられる肥料の量とその植物が受ける水の量が，1つのつるのメロンの数に影響を与えるのではないかと考えています．この場合，効果の研究対象となる2つの変数は，＿＿＿＿＿＿と＿＿＿＿＿＿です．

　答：肥料の量
　　　水の量

2 研究対象となる測定値は，＿＿＿＿＿＿＿＿＿＿＿＿＿＿＿です．

　答：つるごとのメロンの数

■9章　2変数の相乗効果

3 水の量だけの効果を研究するためには，おそらく多量の水で20のメロンのつるを，少量の水で20を栽培し，それぞれのグループのつるごとのメロンの数を数えるでしょう．どのような統計的検定を用いることができますか．この場合に置かれる仮定は何ですか．

答：つるごとのメロンの数がほぼ正規に分布しており，分散が2つの状況においてほぼ等しいと仮定することで，2つの平均値の差に t 検定を用いることができます．もしこれらの仮定をしなければ，メロンの数が平均よりも上あるいは下の数が生じたそれぞれの状況下でのつるの数を数えることで χ^2 検定を用いることができます．

4 水の量だけの効果を研究するために，おそらく彼は，少量の肥料，中位の肥料，多量の肥料の3つのグループのつるを栽培するでしょう．この実験にはどのような統計的検定を用いることができますか．この場合に置かれる検定は何ですか．

答：ほぼ正規分布で分散が等しいと仮定することで，分散分析を用いることができます．あるいは，χ^2 検定を用いることができます．

5 水と肥料の効果の間には，交互作用があるとします．おそらく肥料は多量の水が与えられる時のみ効果的です．またおそらく肥料は少量の水の効果を軽減させるでしょう．水だけあるいは肥料だけの研究でこの交互作用を見つけ出せますか．

答：いいえ

6 このような状況において，実際，同時に両方の研究を行い，2元配置分散

分析によって結果を考察することが可能です．これを行うために，実験者は以下のような6つの実験グループを準備します．

	肥料		
水	少量	中位	多量
多量			
少量			

もしそれぞれのグループごとに無作為に10株の苗を選ぶと，全部でいくつ持つことになりますか．

答：60

7 すべての苗の中で，多量の水を受ける苗は何株ですか．

答：30

8 すべて苗の中で，少量の肥料を受ける苗は何株ですか．

答：20

9 いくつかの用語を定義していきましょう．10株ごとのそれぞれのグループをセルと呼びます．たとえば，多量の水と中位の肥料の苗は1つのセルを構成します．それぞれの水のレベルを行と呼びます．たとえば，少量の水の全ての苗は1つの行を構成します．それぞれの肥料のレベルを列と呼び

■9章　2変数の相乗効果

ます．また，少量の水のすべての苗で1つの列を構成します．
中位の肥料のすべての苗は，_____と呼ばれます．

答：列

10 中位の肥料と少量の水のすべての苗は，_____と呼ばれます．

答：セル

11 多量の水によるすべての苗は，_____と呼ばれます．

答：行

12 ここに実験結果があります．

	肥料							
	少量		中位		多量		合計	
水	メロンの数	x^2	メロンの数	x^2	メロンの数	x^2	x	x^2
多量	1	1	4	16	6	36		
	2	4	5	25	7	49		
	2	4	5	25	7	49		
	3	9	6	36	8	64		
	3	9	6	36	8	64		
	3	9	6	36	8	64		
	3	9	6	36	8	64		
	4	16	7	49	9	81		
	4	16	7	49	9	81		
	5	25	8	64	10	100		

2変数の相乗効果

	30	102	60	372	80	652	170	1126
少量	5	25	3	9	0	0		
	6	36	4	16	1	1		
	6	36	4	16	1	1		
	7	49	5	25	2	4		
	7	49	5	25	2	4		
	7	49	5	25	2	4		
	7	49	5	25	2	4		
	8	64	6	36	3	9		
	8	64	6	36	3	9		
	9	81	7	49	4	16		
合計	70	502	50	262	20	52	140	816
総合計	100	604	110	634	100	704	310	1942

表に見られるように，すでにそれぞれのセル，行，列と合計のグループについての Σx と Σx^2 を計算しています．多量の行についての Σx はいくつですか．

答：170

13 少量の列についての Σx^2 はいくつですか．

答：604

14 Σx_T はいくつですか．

答：310

■9章　2変数の相乗効果

15 これまで見てきたように，分散分析によってグループの平均値の差に基づいて母分散を推定し，グループ内の個々の標本の差に基づく推定値とこの分散の推定値を比較することができます．いくつかの方法でグループ平均にもとづく分散の推定のためにデータを分類することができます．6つのそれぞれのセルについての平均値，2つの行についての平均値と3列についての平均値を得ることができます．これらのグループ分けからいくつの異なる分散の推定値が得られますか．

答：3つ．個々のセルについての平均値の分散は母分散を推定するために用いることができます．それゆえ行の平均値の分散と列の平均値の分散を用いることができます．

16 2元配置分散分析に用いるための公式があります．このうちのいくつかは，すでに1元配置分散分析で用いてきました．いくつかは，新たに出てきたものです．以下のどれが新しく登場したものですか．次のうち，新しいものをチェックしなさい．

全平方和：
$$\sum x_T{}^2 - \frac{(\sum x_T)^2}{N}$$
$$\mathrm{df} = N - 1$$

級間平方和：
$$\frac{(\sum x_1)^2}{n} + \frac{(\sum x_2)^2}{n} + \cdots - \frac{(\sum x_T)^2}{N}$$
$$\mathrm{df} = rc - 1$$

行間平方和：
$$\frac{(\sum x_{row1})^2}{nc} + \frac{(\sum x_{row2})^2}{nc} + \cdots - \frac{(\sum x_T)^2}{N}$$
$$\mathrm{df} = r - 1$$

2 変数の相乗効果

列間平方和： $\dfrac{(\sum x_{col1})^2}{nr}+\dfrac{(\sum x_{col2})^2}{nr}+\cdots\cdots-\dfrac{(\sum x_T)^2}{N}$

$$\mathrm{df}=c-1$$

交互作用平方和：

$\dfrac{(\sum x_1)^2}{n}+\dfrac{(\sum x_2)^2}{n}+\cdots\cdots\dfrac{(\sum x_{row1})^2}{nc}+\dfrac{(\sum x_{row2})^2}{nc}+\cdots\cdots\dfrac{(\sum x_{col1})^2}{nr}+\dfrac{(\sum x_{col2})^2}{nr}$

$$+\cdots\cdots-\dfrac{(\sum x_T)^2}{N}$$

$$\mathrm{df}=(r-1)(c-1)$$

級内（誤差）平方和：

全平方和－級間平方和

$$\left[\sum x_1{}^2-\dfrac{(\sum x_1)^2}{n_1}\right]+\left[\sum x_2{}^2-\dfrac{(\sum x_2)^2}{n_2}\right]+\cdots\cdots$$

$$\mathrm{df}=N-rc$$

答：新しいものは，

　　行間平方和

　　列間平方和

　　交互作用平方和

17 級間平方和はセルに基づいています．これは1元配置分散分析と全く同じものです．もし級内（誤差）平均平方和で級間平均平方和を割って有意な F 値が得られると，これは何を意味しますか．帰無仮説を考えなさい．

答：すべてのセルの平均値は同一ではない．

■9章　2変数の相乗効果

18 有意な級間平均平方和は，水あるいは肥料あるいは両方が差の原因であるかについて何か示唆しますか．

答：いいえ．あなたは，少なくとも1つのセルの平均値が有意に他と異なっていることだけが分かっています．

19 級間平方和の公式をよく見てください．これは1元配置分散分析で用いたものと同じです．公式の自由度における，r は行の数を，c は列の数を表します．ここでの問題における，級間平均平方和の自由度はいくつですか．

答：$(2 \times 3) - 1 = 5$

20 では，行間平方和と列間平方和の公式を見てください．それらは，個々のセルに代わって行と列に基づいていることを除いて級間平方和の公式と同じです．我々の問題において，Σx_{row1} に対応する値は何ですか．

答：170

21 Σx_{col1} に対応する値は何ですか．

答：100

22 行間平方和の公式において，n は1つのセルの中の測定値の数を，c は列の数を表します．1つの行の中の測定値の数は nc です．我々の問題においては，＿＿＿＿です．

答：30

2 変数の相乗効果

23 もし級内（誤差）平均平方和で行間平均平方和を割って，有意な F 値が得られると，＿＿＿＿は1つの苗のメロンの数の平均に差が生じると結論付けることができます．

答：水

24 もし列間平均平方和が有意であると，＿＿＿＿は違いを生むと結論付けることができます．

答：肥料

25 級間平方和は，通常，列間平方和と行間平方和の合計よりも大きくなります．つまり，セル間の分散の一部は行の差でも列の差でも説明できません．このセルの差の残った部分は2つの変数の相乗効果によるものでなければなりません．つまり交互作用です．
肥料が多くの条件の下でのつるの収穫を決定しますが，中位の肥料と組み合わされた多量の水は肥料を流し去って効果を無くしてしまいます．この場合，2つの重要な分散の推定値として，＿＿＿＿＿と＿＿＿＿＿が考えられます．

答：列間
　　　交互作用

26 メロンの問題における2元配置分散分析の結果が以下にまとめられています．

■9章　2変数の相乗効果

	平方和	df	平均平方和	F
全	340.33	59		
行間	15.00	1	15.00	11.28
列間	3.33	2	1.67	1.26
交互作用	250.00	2	125.00	93.99
級内（誤差）	72.00	54	1.33	

（級間平方和は268.33です．しかしこの数字は通常，行，列，交互作用の平方和がすべての情報を与えるので表には含まれていません．）

これらの F 比は有意ですか．もしそうであるならばどちらですか．

答：行と交互作用の両方が有意です．F 表には，df＝54に対応する数値が無いことに注意してください．df＝50とdf＝55の値は結果が有意であることを確かめるために十分に近い値となっています．

27 2元配置分散分析の結果を説明するために，セルの平均値を考察し，それらとそれぞれの行，列，総合計の平均値を比較することが役立ちます．

	肥料			
水	少量	中位	多量	全ての状態
多量	3.0	6.0	8.0	5.7
少量	7.0	5.0	2.0	4.7
全ての状態	5.0	5.5	5.0	5.2

どの組み合わせが最大の収穫をもたらしますか．

答：多量の水と多量の肥料

28 どの組み合わせが最小の収穫をもたらしますか．

答：少量の水と多量の肥料

29 あなたは，水の量をコントロールも予測もできない状況でメロンを育てようとしています．灌漑はなく，雨量は予想できず，少ないか多いかのどちらかです．少ない収穫はおそらく災害によるものもありえます．この実験のデータに基づけば，どの水準の肥料を用いるでしょうか．

答：中位．水のレベルにかかわらず相対的に高い生産物を確保しています．多量の時も少量の時も低い収穫のリスクをもたらしますが，高い収穫の可能性もあります．

コンピュータによる分散分析

　もちろん分散分析を計算する作業は，コンピュータを用いることでかなり容易になります．あなたは手計算のために説明された以下のモデルによって分散分析を行う際に含まれるいろいろなステップに関して表計算シートを準備することができます．
　Microsoft Excel では，「メニュー」→「ツール」→「分析ツール」においてメロンの問題に対応する機能を用意しています．この機能を用いるこ

■9章　2変数の相乗効果

とで，数式さえも入力する必要がありません．しかし，公式はあなたの表計算シート上で数式を使えないため，データあるいは仮定を変えた時に自動更新することはありません．

Microsoft Excel の ANOVA（繰り返しのある2元配置）を用いた，メロンの問題の出力結果は，次のようなものです．

分散分析：繰り返しのある二元配置

概要	少量	中位	多量	合計
多量				
標本数	10	10	10	30
合計	30	60	80	170
平均	3	6	8	5.67
分散	1.33	1.33	1.33	5.61
少量				
標本数	10	10	10	30
合計	70	50	20	140
平均	7	5	2	4.67
分散	1.33	1.33	1.33	5.61
合計				
標本数	20	20	20	
合計	100	110	100	
平均	5	5.5	5	
分散	5.47	1.53	10.74	

分散分析表

変動要因	変動	自由度	分散	観測された分散比	P-値	F境界値
標本	15.00	1.00	15.00	11.25	0.00	4.02
列	3.33	2.00	1.67	1.25	0.29	3.17
交互作用	250.00	2.00	125.00	93.75	0.00	3.17
繰り返し誤差	72.00	54.00	1.33			
合計	340.33	59.00				

2元配置分散分析を用いる時

30 2元配置分散分析はその他の分散分析の形式と同じ仮定を置きます．それらは何ですか．

答：含まれる母集団は，ほぼ正規に分布し，ほぼ等しい分散を持つ．

31 あなたは，データの散布度に非常に大きな効果を持つ実験的な処理方法があると考えています．統計的検定として2元配置分散分析を考えるべきですか．

答：いいえ

32 あなたは，一般的な経験から双峰に分布している測定値を研究しています．統計的検定として2元配置分散分析を考えるべきですか．

■9章　2変数の相乗効果

答：いいえ．この場合には，データが2つのグループに分かれているようなので，χ^2検定がおそらく適切でしょう．

33 ある化学者がある触媒によって生成される有機化合物の生成物の研究を行っています．与えられた生成の時間において作られる化合物の量は用いられた触媒と温度に従って変化しますが，異なる触媒の相対的な効果は温度に影響されないと考えています．そして5つの触媒と4つのレベルの温度について調査されると仮定します．用いられる測定値は，5分間の合成過程において作られる化合物の単位です．この化学者は，合計200の合成を行います．

(a) 分散分析研究についての計画の概要を述べなさい．行と列となるものは何ですか．それぞれのセルにいくつの測定値が存在しますか．

(b) 化学者の理論に従えば，どのF比が有意となるべきですか．またどれが有意とならないですか．

全てのF比を考察し確かめなさい．

答：
(a)

		触媒				
		A	B	C	D	E
温度	1					
	2		セルごとに10の測定値			
	3					
	4					

(b) 行と列の両方の分散が有意になるべきですが，触媒の相対的な効果は，温度に影響されないとの状況を示しているので，交互作用は有意となるべきではありません．

34 ある研究者が，どんな語学を学習する学生の能力をも予測する語学学習能力試験を開発しています．彼は学生に対して語学訓練を行い，学力試験を行うことで，学習能力について高，中，低と分類するためにテストを用いることで評価したいと思っています．このテストがいろいろな言語について均一に作用するのかを確かめるために，学生に対してスペイン語，ロシア語，スワヒリ語，日本語について訓練とテストを行います．それゆえ，2元配置分散分析を予定しています．元々の計画では，1つの言語に対して学生を訓練し，テストする予定でしたが，高い能力の学生が不足していました．そこで2つの言語それぞれについて10人の高い能力の学生を訓練し，テストしました．これは受け入れられる手順ですか．

答：いいえ．分散分析は独立な無作為標本を仮定しています．

35 この研究者は適切な標本を得て，異なる言語が列にくるように準備すると仮定します．どの F 比が有意となるべきですか．

答：行（能力水準）の F 比が有意となるでしょう．彼は，このテストが全ての言語において等しく機能すると期待しているので，交互作用は有意とはならないでしょう．

36 列（言語）の有意な F 比は何を意味するのでしょうか．

答：学力試験の難易度が異なっている，あるいは，いくつかの言語はその

■9章　2変数の相乗効果

他の言語よりも学習が難しい．

自己診断テスト

もしうまくこの章を完成させているならば，いまあなたは，二元配置分散分析を行い，説明することができます．あなたは以下のことができるようになっています．
● 行，列，交互作用について F 比を計算する．
● 2元配置分散分析の結果を説明するためにセルの平均値を検討する．
● 2元配置分散分析が適切ではない状況を認識し，対立仮説を提案する．

いま，これらの復習問題に挑戦してみましょう．巻末の表 I に参照するのに必要な公式を載せています．

1．学習意欲と教室での学習の成績への教育方法の効果に関する研究があります．100人の高校生が無作為に4つのグループに振り分けられます．半分の生徒は，最終試験で1点につき50セント約束されています．その他の生徒には，スコアに関係なく，実験に参加することで5ドル払われます．「高い意欲」グループ（1点につき50セント払われるグループ）の半分と「低い意欲」グループ（点数に関係なく払われるグループ）の半分は，1人目のインストラクターに帰納的発見アプローチで教わります．残った生徒は2人目のインストラクターに解説的な演繹的アプローチで教わります．統一最終試験が全ての生徒に実施されます．この研究の結果は以下のとおりです．

	帰納的	演繹的	合計
高い意欲	$\bar{x}=54$ ($s=5.1$)	$\bar{x}=55$ ($s=5.3$)	54.5

低い意欲	$\bar{x}=56$	$\bar{x}=35$	45.5
	($s=4.9$)	($s=6.1$)	
合計	55	45	

分散分析は意欲についても授業方法の効果についても有意な結果を示していませんが，交互作用は5％水準で有意です．研究者は，これらの結果に基づいて，帰納法は意欲のない学生に優れ，演繹法は意欲のある学生に良いと結論付けています．データはこれらの結論を支持していますか．それはなぜですか．

2．以下は，3つの年齢別による男子と女子の敏捷性のスコアです．高いスコアは，多くのエラーつまり低い敏捷性をあらわしています．2元配置分散分析を完成し，結果を説明しなさい．巻末の表1の公式を参照しなさい．

年齢	5－7	7－9	9－11
	5	3	1
	6	4	2
女子	6	5	2
	6	6	2
	7	7	3
	6	3	1
	7	4	2
男子	7	5	3
	8	6	4
	8	7	5

■9章　2変数の相乗効果

3．あなたは，2元配置分散分析から年齢は敏捷性に関係するが性別は関係ないと結論付けています．この関係についてさらに述べ，分析するために用いることができる統計的方法は何ですか．

4．以下の項目について求められる仮定を簡単にまとめなさい．

（a）　2つの標本の平均値の差についての z 検定

（b）　χ^2 検定

（c）　2つの標本の平均値の差についての t 検定

（d）　分散分析

（e）　帰無仮説 $\rho = 0$ の検定

答 問題を復習するためには，答の後に示されたフレームを学習しなさい．

1．結果についての研究者の解釈について2つの大きな問題があります．

（a）　セルの平均値は交互作用についての記述が一致していません．実際，この解釈は低い意欲を持つ演繹的なアプローチを受けた学生が他の全てのグループよりも良くないという事実とのみ整合するところからきています．

（b）　それぞれの方法は，1人のインストラクターによって用いられているので，声の大きさや笑顔の輝きといった他の特徴と教授法を切り離すことが不可能です．グループの差がないという帰無仮説を棄却することはできますが，様々な対立仮説があり得ます．フレーム25，33から36と4章のフレーム26から31参照．

2．

	5−7		7−9		9−11		合計	
	x	x^2	x	x^2	x	x^2	x	x^2
	5	25	3	9	1	1		
	6	36	4	16	2	4		

2元配置分散分析を用いる時

女子	6	36	5	25	2	4		
	6	36	6	36	2	4		
	7	49	7	49	3	9		
	30	182	25	135	10	22	65	339
	6	36	3	9	1	1		
	7	49	4	16	2	4		
男子	7	49	5	25	3	9		
	8	64	6	36	4	16		
	8	64	7	49	5	25		
	36	262	25	135	15	55	76	452
総合計	66	444	50	270	25	77	141	791

全平方和：

$$\sum x_T{}^2 - \frac{(\sum x_T)^2}{N} = 791 - \frac{(141)^2}{30} = 791 - 662.7 = 128.3$$

$$\text{df} = N - 1 = 29$$

級間平方和：

$$\frac{(\sum x_1)^2}{n_1} + \frac{(\sum x_2)^2}{n_2} + \frac{(\sum x_3)^2}{n_3} + \frac{(\sum x_4)^2}{n_4} + \frac{(\sum x_5)^2}{n_5} + \frac{(\sum x_6)^2}{n_6} + \frac{(\sum x_T)^2}{N}$$

$$= \frac{(30)^2}{5} + \frac{(25)^2}{5} + \frac{(10)^2}{5} + \frac{(36)^2}{5} + \frac{(25)^2}{5} + \frac{(15)^2}{5} - 662.7$$

$$\text{df} = rc - 1 = 5$$

行間平方和：

$$\frac{(\sum x_{r1})^2}{nc} + \frac{(\sum x_{r2})^2}{nc} - \frac{(\sum x_T)^2}{N} = \frac{(65)^2}{15} + \frac{(76)^2}{15} - 662.7$$

$$= 281.67 + 385.07 - 662.7 = 4.04$$

$$\text{df} = r - 1 = 1$$

■9章 2変数の相乗効果

列間平方和：

$$\frac{(\sum x_{c1})^2}{nc}+\frac{(\sum x_{c2})^2}{nc}+\frac{(\sum x_{c3})^2}{nr}-\frac{(\sum x_T)^2}{N}=\frac{(66)^2}{10}+\frac{(50)^2}{10}+\frac{(15)^2}{10}-662.7$$

$$=435.6+250.0+62.5-662.7=85.40$$

$$\mathrm{df}=c-1=2$$

交互作用平方和：

$$級間-(行間+列間)=91.50-(4.04+85.40)=2.06$$

$$\mathrm{df}=(r-1)(c-1)=2$$

級内（誤差）平方和：

$$合計-級間=128.30-91.50=36.80$$

$$\mathrm{df}=N-rc=24$$

	平方和	df	平均平方和	F
全	128.30	29		
行間	4.04	1	4.04	2.64
列間	85.40	2	42.70	27.95
交互作用	2.06	2	1.03	0.67
級内(誤差)	36.80	24	1.53	

年齢のグループ化はスコアに有意な効果を持ちますが，性別は効果に差がありません．フレーム16から29参照．

3．相関と回帰分析が適切です．―散布図，相関係数，回帰式等．7章参照．

4．
（a） 両方の標本が30よりも大きい．5章，フレーム27から31参照．
（b） 全てのセルは5よりも大きな度数を持っていると予測されます．8章，フレーム26から30参照．
（c） 両方の母集団はほぼ正規に分布し，ほぼ等しい分散を持っています．5章，フレーム32から35参照．
（d） 全ての母集団はほぼ正規に分布し，ほぼ等しい分散を持っています．6章，フレーム73から78参照．
（e） 両方のスコアは正規に分布しています．標本は無作為に取り出されます．7章，フレーム35から45参照．

付　録A　表

表I 参照公式

パラメータ（母数）と統計量

$$\mu = \frac{\Sigma x}{n} \qquad \overline{x} = \frac{\Sigma x}{n}$$

$$\sigma = \sqrt{\frac{\Sigma(x-\mu)^2}{n}} \text{ or } \sqrt{\frac{\Sigma x^2 - (\Sigma x)^2/n}{n}}$$

$$s = \sqrt{\frac{\Sigma(x-\overline{x})^2}{n-1}} \text{ or } \sqrt{\frac{\Sigma x^2 - (\Sigma x)^2/n}{n-1}}$$

$$z = \frac{\overline{x}-\mu}{\sigma_{\overline{x}}} \text{ or } \frac{\overline{x}-\mu}{\sigma/\sqrt{n}}$$

$$r = \frac{1}{n-1}\Sigma\frac{(x-\overline{x})}{s_x}\cdot\frac{(y-\overline{y})}{s_y} \text{ or } \frac{n\Sigma(xy)-(\Sigma x)(\Sigma y)}{\sqrt{[n\Sigma x^2-(\Sigma x)^2][n\Sigma y^2-(\Sigma y)^2]}}$$

大標本のための中心極限定理

$$\mu_{\overline{x}} = \mu$$

$$\sigma_{\overline{x}} = \frac{\sigma}{\sqrt{n}}$$

回帰分析

$$y = \overline{y} + b(x-\overline{x})$$

$$b = \frac{n\Sigma(xy)-(\Sigma x)(\Sigma y)}{n\Sigma x^2 - (\Sigma x)^2}$$

信頼区間

$$\overline{x} \pm z_0 \frac{s}{\sqrt{n}}$$

$$\overline{x} \pm t_0 \frac{s}{\sqrt{n}}$$

$$p \pm z_0 \frac{\sqrt{pq}}{\sqrt{n}}$$

仮説検定を行う

帰無仮説 $\mu = C$

$$z = \frac{\overline{x}-C}{s/\sqrt{n}}$$

$$t = \frac{\overline{x}-C}{s/\sqrt{n}}$$

■付録A 表　　　　　　　表I （続き）

帰無仮説 $\mu_1 = \mu_2$

$$z = \frac{\overline{x}_1 - \overline{x}_2}{\sqrt{s_1^2/n_1 + s_2^2/n_2}}$$

$$t = \frac{\overline{x}_1 - \overline{x}_2}{\sqrt{s^2/n_1 + s^2/n_2}} \quad s^2 = \frac{(n_1 - 1)s_1^2 + (n_2 - 1)s_2^2}{n_1 + n_2 - 2}$$

帰無仮説 $\sigma_1 = \sigma_2$

$$F = \frac{s_1^2}{s_2^2}$$

帰無仮説　標本は与えられた分布に従う母集団からの無作為標本である

$$\chi^2 = \frac{(f - F)^2}{F}$$

$$\mathrm{df} = c - 1 \text{ or } (c-1)(r-1)$$

帰無仮説 $\mu_1 = \mu_2 = \mu_3 = \text{etc.}$

一元配置分散分析

$$F = \frac{\text{級間平均方和}}{\text{級内平均平方和}}$$

全平方和

$$\Sigma x_T^2 - \frac{(\Sigma x_T)^2}{N}$$

$$\mathrm{df} = N - 1$$

級間平方和

$$\frac{(\Sigma x_1)^2}{n_1} + \frac{(\Sigma x_2)^2}{n_2} + \ldots \text{etc.} - \frac{(\Sigma x_T)^2}{N}$$

$$\mathrm{df} = g - 1$$

級内平方和

全平方和　—　級間平方和

or

$$\left[\Sigma x_1^2 - \frac{(\Sigma x_1)^2}{n_1} \right] + \left[\Sigma x_2^2 - \frac{(\Sigma x_2)^2}{n_2} \right] + \ldots \text{etc.}$$

$$\mathrm{df} = N - g$$

表I （続き）

$$F = \frac{\text{行間平均平方和}}{\text{級内平均平方和}}$$

$$F = \frac{\text{列間平均平方和}}{\text{級内平均平方和}}$$

$$F = \frac{\text{交互作用平均平方和}}{\text{級内平均平方和}}$$

全平方和

$$\Sigma x_T^2 - \frac{(\Sigma x_T)^2}{N}$$

級間平方和

$$\frac{(\Sigma x_1)^2}{n} + \frac{(\Sigma x_2)^2}{n} + \ldots \text{etc.} - \frac{(\Sigma x_T)^2}{N}$$
$$\text{df} = rc - 1$$

行間平方和

$$\frac{(\Sigma x_{\text{row1}})^2}{nc} + \frac{(\Sigma x_{\text{row2}})^2}{nc} + \ldots \text{etc.} - \frac{(\Sigma x_T)^2}{N}$$
$$\text{df} = r - 1$$

列間平方和

$$\frac{(\Sigma x_{\text{col1}})^2}{nr} + \frac{(\Sigma x_{\text{col2}})^2}{nr} + \ldots \text{etc.} - \frac{(\Sigma x_T)^2}{N}$$
$$\text{df} = c - 1$$

交互作用平方和
級間平方和 − [行間平方和＋列間平方和]

or

$$\frac{(\Sigma x_1)^2}{n} + \frac{(\Sigma x_2)^2}{n} + \cdots \text{etc.} - \frac{(\Sigma x_{\text{row1}})^2}{nc} - \frac{(\Sigma x_{\text{row2}})^2}{nc} - \cdots \text{etc.} - \frac{(\Sigma x_{\text{col1}})^2}{nr}$$
$$- \frac{(\Sigma x_{\text{col2}})^2}{nr} - \cdots \text{etc.} + \frac{(\Sigma x_T)^2}{N}$$
$$\text{df} = (r-1)(c-1)$$

級内平方和
全平方和 − 級間平方和

or

$$\left[\Sigma x_1^2 - \frac{(\Sigma x_1)^2}{n} \right] + \left[\Sigma x_2^2 - \frac{(\Sigma x_2)^2}{n} \right] + \cdots \text{etc.}$$
$$\text{df} = N - rc$$

■付録A　表

表IIの使い方

1から10の平方根を求めるために，N と項目付けられた列の中にあなたの数を見つけます．平方根については，$\sqrt{N}$ と項目付けられた列と交差するところを見てください．たとえば，5の平方根を求めるために：

　　N の下で5.00の位置を探します

　　$\sqrt{N}=2.23607$を求めるために交差するところを見ます

10から100の平方根を求めるには，その数を10で割ります．N と項目付けられた列の中で結果を見つけなさい．そしてあなたの平方根について $\sqrt{10N}$ と項目付けられた列と交差するところを見てください．たとえば，50の平方根を求めるために：

　　$50 \div 10 = 5$

　　N 列で5.00の位置を探します

　　$\sqrt{10N}=7.07107$を求めるためには交差するところを見ます

100を超える平方根を求めるには，数が1から100の間に来るまで小数点を左に動かします．上で見たように，表の中でその数の平方根を探しなさい．そして答の小数点を左に動かした半分だけ右に動かしなさい．たとえば，0.0710の平方根を求めるために：

　　小数点を2つ右に動かします　7.10

　　$\sqrt{7.10}=2.66458$

　　少数点を左に1つ動かします　0.266458

　　$\sqrt{0.0710}=0.266458$

表II　2乗と平方根

N	N²	√N	√10N	N	N²	√N	√10N
1.00	1.0000	1.00000	3.16228	**1.50**	2.2500	1.22474	3.87298
1.01	1.0201	1.00499	3.17805	1.51	2.2801	1.22882	3.88587
1.02	1.0404	1.00995	3.19374	1.52	2.3104	1.23288	3.89872
1.03	1.0609	1.01489	3.20936	1.53	2.3409	1.23693	3.91152
1.04	1.0816	1.01980	3.22490	1.54	2.3716	1.24097	3.92428
1.05	1.1025	1.02470	3.24037	1.55	2.4025	1.24499	3.93700
1.06	1.1236	1.02956	3.25576	1.56	2.4336	1.24900	3.94968
1.07	1.1449	1.03441	3.27109	1.57	2.4649	1.25300	3.96232
1.08	1.1664	1.03923	3.28634	1.58	2.4964	1.25698	3.97492
1.09	1.1881	1.04403	3.30151	1.59	2.5281	1.26095	3.98748
1.10	1.2100	1.04881	3.31662	**1.60**	2.5600	1.26491	4.00000
1.11	1.2321	1.05357	3.33167	1.61	2.5921	1.26886	4.01248
1.12	1.2544	1.05830	3.34664	1.62	2.6244	1.27279	4.02492
1.13	1.2769	1.06301	3.36155	1.63	2.6569	1.27671	4.03733
1.14	1.2996	1.06771	3.37639	1.64	2.6896	1.28062	4.04969
1.15	1.3225	1.07238	3.39116	1.65	2.7225	1.28452	4.06202
1.16	1.3456	1.07703	3.40588	1.66	2.7556	1.28841	4.07431
1.17	1.3689	1.08167	3.42053	1.67	2.7889	1.29228	4.08656
1.18	1.3924	1.08628	3.43511	1.68	2.8224	1.29615	4.09878
1.19	1.4161	1.09087	3.44964	1.69	2.8561	1.30000	4.11096
1.20	1.4400	1.09545	3.46410	**1.70**	2.8900	1.30384	4.12311
1.21	1.4641	1.10000	3.47851	1.71	2.9241	1.30767	4.13521
1.22	1.4884	1.10454	3.49285	1.72	2.9584	1.31149	4.14729
1.23	1.5129	1.10905	3.50714	1.73	2.9929	1.31529	4.15933
1.24	1.5376	1.11355	3.52136	1.74	3.0276	1.31909	4.17133
1.25	1.5625	1.11803	3.53553	1.75	3.0625	1.32288	4.18330
1.26	1.5876	1.12250	3.54965	1.76	3.0976	1.32665	4.19524
1.27	1.6129	1.12694	3.56371	1.77	3.1329	1.33041	4.20714
1.28	1.6384	1.13137	3.57771	1.78	3.1684	1.33417	4.21900
1.29	1.6641	1.13578	3.59166	1.79	3.2041	1.33791	4.23084
1.30	1.6900	1.14018	3.60555	**1.80**	3.2400	1.34164	4.24264
1.31	1.7161	1.14455	3.61939	1.81	3.2761	1.34536	4.25441
1.32	1.7424	1.14891	3.63318	1.82	3.3124	1.34907	4.26615
1.33	1.7689	1.15326	3.64692	1.83	3.3489	1.35277	4.27785
1.34	1.7956	1.15758	3.66060	1.84	3.3856	1.35647	4.28952
1.35	1.8225	1.16190	3.67423	1.85	3.4225	1.36015	4.30116
1.36	1.8496	1.16619	3.68782	1.86	3.4596	1.36382	4.31277
1.37	1.8769	1.17047	3.70135	1.87	3.4969	1.36748	4.32435
1.38	1.9044	1.17473	3.71484	1.88	3.5344	1.37113	4.33590
1.39	1.9321	1.17898	3.72827	1.89	3.5721	1.37477	4.34741
1.40	1.9600	1.18322	3.74166	**1.90**	3.6100	1.37840	4.35890
1.41	1.9881	1.18743	3.75500	1.91	3.6481	1.38203	4.37035
1.42	2.0164	1.19164	3.76829	1.92	3.6864	1.38564	4.38178
1.43	2.0449	1.19583	3.78153	1.93	3.7249	1.38924	4.39318
1.44	2.0736	1.20000	3.79473	1.94	3.7636	1.39284	4.40454
1.45	2.1025	1.20416	3.80789	1.95	3.8025	1.39642	4.41588
1.46	2.1316	1.20830	3.82099	1.96	3.8416	1.40000	4.42719
1.47	2.1609	1.21244	3.83406	1.97	3.8809	1.40357	4.43847
1.48	2.1904	1.21655	3.84708	1.98	3.9204	1.40712	4.44972
1.49	2.2201	1.22066	3.86005	1.99	3.9601	1.41067	4.46094
1.50	2.2500	1.22474	3.87298	**2.00**	4.0000	1.41421	4.47214
N	N²	√N	√10N	N	N²	√N	√10N

■付録A 表　　　　表II （続き）

N	N²	√N	√10N	N	N²	√N	√10N
2.00	4.0000	1.41421	4.47214	2.50	6.2500	1.58114	5.00000
2.01	4.0401	1.41774	4.48330	2.51	6.3001	1.58430	5.00999
2.02	4.0804	1.42127	4.49444	2.52	6.3504	1.58745	5.01996
2.03	4.1209	1.42478	4.50555	2.53	6.4009	1.59060	5.02991
2.04	4.1616	1.42829	4.51664	2.54	6.4516	1.59374	5.03984
2.05	4.2025	1.43178	4.52769	2.55	6.5025	1.59687	5.04975
2.06	4.2436	1.43527	4.53872	2.56	6.5536	1.60000	5.05964
2.07	4.2849	1.43875	4.54973	2.57	6.6049	1.60312	5.06952
2.08	4.3264	1.44222	4.56070	2.58	6.6564	1.60624	5.07937
2.09	4.3681	1.44568	4.57165	2.59	6.7081	1.60935	5.08920
2.10	4.4100	1.44914	4.58258	2.60	6.7600	1.61245	5.09902
2.11	4.4521	1.45258	4.59347	2.61	6.8121	1.61555	5.10882
2.12	4.4944	1.45602	4.60435	2.62	6.8644	1.61864	5.11859
2.13	4.5369	1.45945	4.61519	2.63	6.9169	1.62173	5.12835
2.14	4.5796	1.46287	4.62601	2.64	6.9696	1.62481	5.13809
2.15	4.6225	1.46629	4.63681	2.65	7.0225	1.62788	5.14782
2.16	4.6656	1.46969	4.64758	2.66	7.0756	1.63095	5.15752
2.17	4.7089	1.47309	4.65833	2.67	7.1289	1.63401	5.16720
2.18	4.7524	1.47648	4.66905	2.68	7.1824	1.63707	5.17687
2.19	4.7961	1.47986	4.67974	2.69	7.2361	1.64012	5.18652
2.20	4.8400	1.48324	4.69042	2.70	7.2900	1.64317	5.19615
2.21	4.8841	1.48661	4.70106	2.71	7.3441	1.64621	5.20577
2.22	5.9284	1.48997	4.71169	2.72	7.3984	1.64924	5.21536
2.23	4.9729	1.49332	4.72229	2.73	7.4529	1.65227	5.22494
2.24	5.0176	1.49666	4.73286	2.74	7.5076	1.65529	5.23450
2.25	5.0625	1.50000	4.74342	2.75	7.5625	1.65831	5.24404
2.26	5.1076	1.50333	4.75395	2.76	7.6176	1.66132	5.25357
2.27	5.1529	1.50665	4.76445	2.77	7.6729	1.66433	5.26308
2.28	5.1984	1.50997	4.77493	2.78	7.7284	1.66733	5.27257
2.29	5.2441	1.51327	4.78539	2.79	7.7841	1.67033	5.28205
2.30	5.2900	1.51658	4.79583	2.80	7.8400	1.67332	5.29150
2.31	5.3361	1.51987	4.80625	2.81	7.8961	1.67631	5.30094
2.32	5.3824	1.52315	4.81664	2.82	7.9524	1.67929	5.31037
2.33	5.4289	1.52643	4.82701	2.83	8.0089	1.68226	5.31977
2.34	5.4756	1.52971	4.83735	2.84	8.0656	1.68523	5.32917
2.35	5.5225	1.53297	4.84768	2.85	8.1225	1.68819	5.33854
2.36	5.5696	1.53623	4.85798	2.86	8.1796	1.69115	5.34790
2.37	5.6169	1.53948	4.86826	2.87	8.2369	1.69411	5.35724
2.38	5.6644	1.54272	4.87852	2.88	8.2944	1.69706	5.36656
2.39	5.7121	1.54596	4.88876	2.89	8.3521	1.70000	5.37587
2.40	5.7600	1.54919	4.89898	2.90	8.4100	1.70294	5.38516
2.41	5.8081	1.55252	4.90918	2.91	8.4681	1.70587	5.39444
2.42	5.8564	1.55563	4.91935	2.92	8.5264	1.70880	5.40370
2.43	5.9049	1.55885	4.92950	2.93	8.5849	1.71172	5.41295
2.44	5.9536	1.56205	4.93964	2.94	8.6436	1.71464	5.42218
2.45	6.0025	1.56525	4.94975	2.95	8.7025	1.71756	5.43139
2.46	6.0516	1.56844	4.95984	2.96	8.7616	1.72047	5.44059
2.47	6.1009	1.57162	4.96991	2.97	8.8209	1.72337	5.44977
2.48	6.1054	1.57480	4.97996	2.98	8.8804	1.72627	5.45894
2.49	6.2001	1.57797	4.98999	2.99	8.9401	1.72916	5.46809
2.50	6.2500	1.58114	5.00000	3.00	9.0000	1.73205	5.47723
N	N²	√N	√10N	N	N²	√N	√10N

表II （続き）

N	N^2	$\sqrt{N}$	$\sqrt{10N}$	N	N^2	$\sqrt{N}$	$\sqrt{10N}$
3.00	9.0000	1.73205	5.47723	**3.50**	12.2500	1.87083	5.91608
3.01	9.0601	1.73494	5.48635	3.51	12.3201	1.87350	5.92453
3.02	9.1204	1.73781	5.49545	3.52	12.3904	1.87617	5.93296
3.03	9.1809	1.74069	5.50454	3.53	12.4609	1.87883	5.94138
3.04	9.2416	1.74356	5.51362	3.54	12.5316	1.88149	5.94979
3.05	9.3025	1.74642	5.52268	3.55	12.6025	1.88414	5.95819
3.06	9.3636	1.74929	5.53173	3.56	12.6736	1.88680	5.96657
3.07	9.4249	1.75214	5.54076	3.57	12.7449	1.88944	5.97495
3.08	9.4864	1.75499	5.54977	3.58	12.8164	1.89209	5.98331
3.09	9.5481	1.75784	5.55878	3.59	12.8881	1.89473	5.99166
3.10	9.6100	1.76068	5.56776	**3.60**	12.9600	1.89737	6.00000
3.11	9.6721	1.76352	5.57674	3.61	13.0321	1.90000	6.00833
3.12	9.7344	1.76635	5.58570	3.62	13.1044	1.90263	6.01664
3.13	9.7969	1.76918	5.59464	3.63	13.1769	1.90526	6.02495
3.14	9.8596	1.77200	5.60357	3.64	13.2496	1.90788	6.03324
3.15	9.9225	1.77482	5.61249	3.65	13.3225	1.91050	6.04152
3.16	9.9856	1.77764	5.62139	3.66	13.3956	1.91311	6.04949
3.17	10.0489	1.78045	5.63028	3.67	13.4689	1.91572	6.05805
3.18	10.1124	1.78326	5.63915	3.68	13.5424	1.91833	6.06630
3.19	10.1761	1.78606	5.64801	3.69	13.6161	1.92094	6.07454
3.20	10.2400	1.78885	5.65685	**3.70**	13.6900	1.92354	6.08276
3.21	10.3041	1.79165	5.66569	3.71	13.7641	1.92614	6.09098
3.22	10.3684	1.79444	5.67450	3.72	13.8384	1.92873	6.09918
3.23	10.4329	1.79722	5.68331	3.73	13.9129	1.93132	6.10737
3.24	10.4976	1.80000	5.69210	3.74	13.9876	1.93391	6.11555
3.25	10.5625	1.80278	5.70088	3.75	14.0625	1.93649	6.12372
3.26	10.6276	1.80555	5.70964	3.76	14.1376	1.93907	6.13188
3.27	10.6929	1.80831	5.71839	3.77	14.2129	1.94165	6.14003
3.28	10.7584	1.81108	5.72713	3.78	14.2884	1.94422	6.14817
3.29	10.8241	1.81384	5.73585	3.79	14.3641	1.94679	6.15630
3.30	10.8900	1.81659	5.74456	**3.80**	14.4400	1.94936	6.16441
3.31	10.9561	1.81934	5.75326	3.81	14.5161	1.95192	6.17252
3.32	10.0224	1.82209	5.76194	3.82	14.5924	1.95448	6.18061
3.33	11.0889	1.82483	5.77062	3.83	14.6689	1.95704	6.18870
3.34	11.1556	1.82757	5.77927	3.84	14.7456	1.95959	6.19677
3.35	11.2225	1.83030	5.78792	3.85	14.8225	1.96214	6.20484
3.36	11.2896	1.83303	5.79655	3.86	14.8996	1.96469	6.21289
3.37	11.3569	1.83576	5.80517	3.87	14.9769	1.96723	6.22093
3.38	11.4244	1.83848	5.81378	3.88	15.0544	1.96977	6.22896
3.39	11.4921	1.84120	5.82237	3.89	15.1321	1.97231	6.23699
3.40	11.5600	1.84391	5.83095	**3.90**	15.2100	1.97484	6.24500
3.41	11.6281	1.84662	5.83952	3.91	15.2881	1.97737	6.25300
3.42	11.6964	1.84932	5.84808	3.92	15.3664	1.97990	6.26099
3.43	11.7649	1.85203	5.85662	3.93	15.4449	1.98242	6.26897
3.44	11.8336	1.85472	5.86515	3.94	15.5236	1.98494	6.27694
3.45	11.9025	1.85742	5.87367	3.95	15.6025	1.98746	6.28490
3.46	11.9716	1.86011	5.88218	3.96	15.6816	1.98997	6.29285
3.47	12.0409	1.86279	5.89067	3.97	15.7609	1.99249	6.30079
3.48	12.1104	1.86548	5.89915	3.98	15.8404	1.99499	6.30872
3.49	12.1801	1.86815	5.90762	3.99	15.9201	1.99750	6.31644
3.50	12.2500	1.87083	5.91608	**4.00**	16.0000	2.00000	6.32456
N	N^2	$\sqrt{N}$	$\sqrt{10N}$	N	N^2	$\sqrt{N}$	$\sqrt{10N}$

■付 録A 表　　　　表II（続き）

N	N^2	$\sqrt{N}$	$\sqrt{10N}$	N	N^2	$\sqrt{N}$	$\sqrt{10N}$
4.00	16.0000	2.00000	6.32456	**4.50**	20.2500	2.12132	6.70820
4.01	16.0801	2.00250	6.33246	4.51	20.3401	2.12368	6.71565
4.02	16.1604	2.00499	6.34035	4.52	20.4304	2.12603	6.72309
4.03	16.2409	2.00749	6.34823	4.53	20.5209	2.12838	6.73053
4.04	16.3216	2.00998	6.35610	4.54	20.6116	2.13073	6.73795
4.05	16.4025	2.01246	6.36396	4.55	20.7025	2.13307	6.74537
4.06	16.4836	2.01494	6.37181	4.56	20.7936	2.13542	6.75278
4.07	16.5649	2.01742	6.37966	4.57	20.8849	2.13776	6.76018
4.08	16.6464	2.01990	6.38749	4.58	20.9764	2.14009	6.76757
4.09	16.7281	2.02237	6.39531	4.59	21.0681	2.14243	6.77495
4.10	16.8100	2.02485	6.40312	**4.60**	21.1600	2.14476	6.78233
4.11	16.8921	2.02731	6.41093	4.61	21.2521	2.14709	6.78970
4.12	16.9744	2.02978	6.41872	4.62	21.3444	2.14942	6.79706
4.13	17.0569	2.03224	6.42651	4.63	21.4369	2.15174	6.80441
4.14	17.1396	2.03470	6.43428	4.64	21.5296	2.15407	6.81175
4.15	17.2225	2.03715	6.44205	4.65	21.6225	2.15639	6.81909
4.16	17.3056	2.03961	6.44981	4.66	21.7156	2.15870	6.82642
4.17	17.3889	2.04206	6.45755	4.67	21.8089	2.16102	6.83374
4.18	17.4724	2.04450	6.46529	4.68	21.9024	2.16333	6.84105
4.19	17.5561	2.04695	6.47302	4.69	21.9961	2.16564	6.84836
4.20	17.6400	2.04939	6.48074	**4.70**	22.0900	2.16795	6.85565
4.21	17.7241	2.05183	6.48845	4.71	22.1841	2.17025	6.86294
4.22	17.8084	2.05426	6.49615	4.72	22.2784	2.17256	6.87023
4.23	17.8929	2.05670	6.50384	4.73	22.3729	2.17486	6.87750
4.24	17.9776	2.05913	6.51153	4.74	22.4676	2.17715	6.88477
4.25	18.0625	2.06155	6.51920	4.75	22.5625	2.17945	6.89202
4.26	18.1476	2.06398	6.52687	4.76	22.6576	2.18174	6.89928
4.27	18.2329	2.06640	6.53452	4.77	22.7529	2.18403	6.90652
4.28	18.3184	2.06882	6.54217	4.78	22.8484	2.18632	6.91375
4.29	18.4041	2.07123	6.54981	4.79	22.9441	2.18861	6.92098
4.30	18.4900	2.07364	6.55744	**4.80**	23.0400	2.19089	6.92820
4.31	18.5761	2.07605	6.66506	4.81	23.1361	2.19317	6.93542
4.32	18.6624	2.07846	6.57267	4.82	23.2324	2.19545	6.94262
4.33	18.7489	2.08087	6.58027	4.83	23.3289	2.19773	6.94982
4.34	18.8356	2.08327	6.58787	4.84	23.4256	2.20000	6.95701
4.35	18.9225	2.08567	6.59545	4.85	23.5225	2.20227	6.96419
4.36	19.0096	2.08806	6.60303	4.86	23.6196	2.20454	6.97137
4.37	19.0969	2.09045	6.61060	4.87	23.7169	2.20681	6.97854
4.38	19.1844	2.09284	6.61816	4.88	23.8144	2.20907	6.98570
4.39	19.2721	2.09523	6.62571	4.89	23.9121	2.21133	6.99285
4.40	19.3600	2.09762	6.63325	**4.90**	24.0100	2.21359	7.00000
4.41	19.4481	2.10000	6.64078	4.91	24.1081	2.21585	7.00714
4.42	19.5364	2.10238	6.64831	4.92	24.2064	2.21811	7.01427
4.43	19.6249	2.10476	6.65582	4.93	24.3049	2.22036	7.02140
4.44	19.7136	2.10713	6.66333	4.94	24.4036	2.22261	7.02851
4.45	19.8025	2.10950	6.67083	4.95	24.5025	2.22486	7.03562
4.46	19.8916	2.11187	6.67832	4.96	24.6016	2.22711	7.04273
4.47	19.9809	2.11424	6.68581	4.97	24.7009	2.22935	7.04982
4.48	20.0704	2.11660	6.69328	4.98	24.8004	2.23159	7.05691
4.49	20.1601	2.11896	6.70075	4.99	24.9001	2.23383	7.06399
4.50	20.2500	2.12132	6.70820	**5.00**	25.0000	2.23607	7.07107
N	N^2	$\sqrt{N}$	$\sqrt{10N}$	N	N^2	$\sqrt{N}$	$\sqrt{10N}$

表 II （続き）

N	N²	√N	√10N	N	N²	√N	√10N
5.00	25.0000	2.23607	7.07107	**5.50**	30.2500	2.34521	7.41620
5.01	25.1001	2.23830	7.07814	5.51	30.3601	2.34734	7.42294
5.02	25.2004	2.24054	7.08520	5.52	30.4704	2.34947	7.42967
5.03	25.3009	2.24277	7.09225	5.53	30.5809	2.35160	7.43640
5.04	25.4016	2.24499	7.09930	5.54	30.6916	2.35372	7.44312
5.05	25.5025	2.24722	7.10634	5.55	30.8025	2.35584	7.44983
5.06	25.6036	2.24944	7.11337	5.56	30.9136	2.35797	7.45654
5.07	25.7049	2.25167	7.12039	5.57	31.0249	2.36008	7.46324
5.08	25.8064	2.25389	7.12741	5.58	31.1364	2.36220	7.46994
5.09	25.9081	2.25610	7.13442	5.59	31.2481	2.36432	7.47663
5.10	26.0100	2.25832	7.14143	**5.60**	31.3600	2.36643	7.48331
5.11	26.1121	2.26053	7.14843	5.61	31.4721	2.36854	7.48999
5.12	26.2144	2.26274	7.15542	5.62	31.5844	2.37065	7.49667
5.13	26.3169	2.26495	7.16240	5.63	31.6969	2.37276	7.50333
5.14	26.4196	2.26716	7.16938	5.64	31.8096	2.37487	7.50999
5.15	26.5225	2.26936	7.17635	5.65	31.9225	2.37697	7.51665
5.16	26.6256	2.27156	7.18331	5.66	32.0356	2.37908	7.52330
5.17	26.7289	2.27376	7.19027	5.67	32.1489	2.38118	7.52994
5.18	26.8324	2.27596	7.19722	5.68	32.2624	2.38328	7.53658
5.19	26.9361	2.27816	7.20417	5.69	32.3761	2.38537	7.54321
5.20	27.0400	2.28035	7.21110	**5.70**	32.4900	2.38747	7.54983
5.21	27.1441	2.28254	7.21803	5.71	32.6041	2.38956	7.55645
5.22	27.2484	2.28473	7.22496	5.72	32.7184	2.39165	7.56307
5.23	27.3529	2.28692	7.23187	5.73	32.8329	2.39374	7.56968
5.24	27.4576	2.28910	7.23838	5.74	32.9476	2.39583	7.57628
5.25	27.5625	2.29129	7.24569	5.75	33.0625	2.39792	7.58288
5.26	27.6676	2.29347	7.25259	5.76	33.1776	2.40000	7.58947
5.27	27.7729	2.29565	7.25948	5.77	33.2929	2.40208	7.59605
5.28	27.8784	2.29783	7.26636	5.78	33.4084	2.40416	7.60263
5.29	27.9841	2.30000	7.27324	5.79	33.5241	2.40624	7.60920
5.30	28.0900	2.30217	7.28011	**5.80**	33.6400	2.40832	7.61577
5.31	28.1961	2.30434	7.28697	5.81	33.7561	2.41039	7.62234
5.32	28.3024	2.30651	7.29383	5.82	33.8724	2.41247	7.62889
5.33	28.4089	2.30868	7.30068	5.83	33.9889	2.41454	7.63544
5.34	28.5156	2.31084	7.30753	5.84	34.1056	2.41661	7.64199
5.35	28.6225	2.31301	7.31437	5.85	34.2225	2.41868	7.64853
5.36	28.7296	2.31517	7.32120	5.86	34.3396	2.42074	7.65506
5.37	28.8369	2.31733	7.32803	5.87	34.4569	2.42281	7.66159
5.38	28.9444	2.31948	7.33485	5.88	34.5744	2.42487	7.66812
5.39	29.0521	2.32164	7.34166	5.89	34.6921	2.42693	7.67463
5.40	29.1600	2.32379	7.34847	**5.90**	34.8100	2.42899	7.68115
5.41	29.2681	2.32594	7.35527	5.91	34.9281	2.43105	7.68765
5.42	29.3764	2.32809	7.36206	5.92	35.0464	2.43311	7.69415
5.43	29.4849	2.33024	7.36885	5.93	35.1649	2.43516	7.70065
5.44	29.5936	2.33238	7.37564	5.94	35.2836	2.43721	7.70714
5.45	29.7025	2.33452	7.38241	5.95	35.4025	2.43926	7.71362
5.46	29.8116	2.33666	7.38918	5.96	35.5216	2.44131	7.72010
5.47	29.9209	2.33880	7.39594	5.97	35.6409	2.44336	7.72658
5.48	30.0304	2.34094	7.40270	5.98	35.7604	2.44540	7.73305
5.49	30.1401	2.34307	7.40945	5.99	35.8801	2.44745	7.73951
5.50	30.2500	2.34521	7.41620	**6.00**	36.0000	2.44949	7.74597
N	N²	√N	√10N	N	N²	√N	√10N

付録A 表　　　表II（続き）

N	N^2	$\sqrt{N}$	$\sqrt{10N}$	N	N^2	$\sqrt{N}$	$\sqrt{10N}$
6.00	36.0000	2.44949	7.74597	**6.50**	42.2500	2.54951	8.06226
6.01	36.1201	2.45153	7.75242	6.51	42.3801	2.55147	8.06846
6.02	36.2404	2.45357	7.75887	6.52	42.5104	2.55343	8.07465
6.03	36.3609	2.45561	7.76531	6.53	42.6409	2.55539	8.08084
6.04	36.4816	2.45764	7.77174	6.54	42.7716	2.55734	8.08703
6.05	36.6025	2.45967	7.77817	6.55	42.9025	2.55930	8.09321
6.06	36.7236	2.46171	7.78460	6.56	43.0336	2.56125	8.09938
6.07	36.8449	2.46374	7.79102	6.57	43.1649	2.56320	8.10555
6.08	36.9664	2.46577	7.79744	6.58	43.2964	2.56515	8.11172
6.09	37.0881	2.46779	7.80385	6.59	43.4281	2.56710	8.11788
6.10	37.2100	2.46982	7.81025	**6.60**	43.5600	2.56905	8.12404
6.11	37.3321	2.47184	7.81665	6.61	43.6921	2.57099	8.13019
6.12	37.4544	2.47386	7.82304	6.62	43.8244	2.57294	8.13634
6.13	37.5769	2.47588	7.82943	6.63	43.9569	2.57488	8.14248
6.14	37.6996	2.47790	7.83582	6.64	44.0896	2.57682	8.14862
6.15	37.8225	2.47992	7.84219	6.65	44.2225	2.57876	8.15475
6.16	37.9456	2.48193	7.84857	6.66	44.3556	2.58070	8.16088
6.17	38.0689	2.48395	7.85493	6.67	44.4889	2.58263	8.16701
6.18	38.1924	2.48596	7.86130	6.68	44.6224	2.58457	8.17313
6.19	38.3161	2.48797	7.86766	6.69	44.7561	2.58650	8.17924
6.20	38.4400	2.48998	7.87401	**6.70**	44.8900	2.58844	8.18535
6.21	38.5641	2.49199	7.88036	6.71	45.0241	2.59037	8.19146
6.22	38.6884	2.49399	7.88670	6.72	45.1584	2.59230	8.19756
6.23	38.8129	2.49600	7.89303	6.73	45.2929	2.59422	8.20366
6.24	38.9376	2.49800	7.89937	6.74	45.4276	2.59615	8.20975
6.25	39.0625	2.50000	7.90569	6.75	45.5625	2.59808	8.21584
6.26	39.1876	2.50200	7.91202	6.76	45.6976	2.60000	8.22192
6.27	39.3129	2.50400	7.91833	6.77	45.8329	2.60192	8.22800
6.28	39.4384	2.50599	7.92465	6.78	45.9684	2.60384	8.23408
6.29	39.5641	2.50799	7.93095	6.79	46.1041	2.60576	8.24015
6.30	39.6900	2.50998	7.93725	**6.80**	46.2400	2.60768	8.24621
6.31	39.8161	2.51197	7.94355	6.81	46.3761	2.60960	8.25227
6.32	39.9424	2.51396	7.94984	6.82	46.5124	2.61151	8.25833
6.33	40.0689	2.51595	7.95613	6.83	46.6489	2.61343	8.26438
6.34	40.1956	2.51794	7.96241	6.84	46.7856	2.61534	8.27043
6.35	40.3225	2.51992	7.96869	6.85	46.9225	2.61725	8.27647
6.36	40.4496	2.52190	7.97496	6.86	47.0596	2.61916	8.28251
6.37	40.5769	2.52389	7.98123	6.87	47.1969	2.62107	8.28855
6.38	40.7044	2.52587	7.98749	6.88	47.3344	2.62298	8.29458
6.39	40.8321	2.52784	7.99375	6.89	47.4721	2.62488	8.30060
6.40	40.9600	2.52982	8.00000	**6.90**	47.6100	2.62679	8.30662
6.41	41.0881	2.53180	8.00625	6.91	47.7481	2.62869	8.31264
6.42	41.2164	2.53377	8.01249	6.92	47.8864	2.63059	8.31865
6.43	41.3449	2.53574	8.01873	6.93	48.0249	2.63249	8.32466
6.44	41.4736	2.53772	8.02496	6.94	48.1636	2.63439	8.33067
6.45	41.6025	2.53969	8.03119	6.95	48.3025	2.63629	8.33667
6.46	41.7316	2.54165	8.03741	6.96	48.4416	2.63818	8.34266
6.47	41.8609	2.54362	8.04363	6.97	48.5809	2.64008	8.34865
6.48	41.9904	2.54558	8.04984	6.98	48.7204	2.64197	8.35464
6.49	42.1201	2.54755	8.05605	6.99	48.8601	2.64386	8.36062
6.50	42.2500	2.54951	8.06226	**7.00**	49.0000	2.64575	8.36660
N	N^2	$\sqrt{N}$	$\sqrt{10N}$	N	N^2	$\sqrt{N}$	$\sqrt{10N}$

表 II （続き）

N	N²	√N	√10N	N	N²	√N	√10N
7.00	49.0000	2.64575	8.36660	**7.50**	56.2500	2.73861	8.66025
7.01	49.1401	2.64764	8.37257	7.51	56.4001	2.74044	8.66603
7.02	49.2804	2.64953	8.37854	7.52	56.5504	2.74226	8.67179
7.03	49.4209	2.65141	8.38451	7.53	56.7009	2.74408	8.67756
7.04	49.5616	2.65330	8.39047	7.54	56.8516	2.74591	8.68332
7.05	49.7025	2.65518	8.39643	7.55	57.0025	2.74773	8.68907
7.06	49.8436	2.65707	8.40238	7.56	57.1536	2.74955	8.69483
7.07	49.9849	2.65895	8.40833	7.57	57.3049	2.75136	8.70057
7.08	50.1264	2.66083	8.41427	7.58	57.4564	2.75318	8.70632
7.09	50.2681	2.66271	8.42021	7.59	57.6081	2.75500	8.71206
7.10	50.4100	2.66458	8.42615	**7.60**	57.7600	2.75681	8.71780
7.11	50.5521	2.66646	8.43208	7.61	57.9121	2.75862	8.72353
7.12	50.6944	2.66833	8.43801	7.62	58.0644	2.76043	8.72926
7.13	50.8369	2.67021	8.44393	7.63	58.2169	2.76225	8.73499
7.14	50.9796	2.67208	8.44985	7.64	58.3696	2.76405	8.74071
7.15	51.1225	2.67395	8.45577	7.65	58.5225	2.76586	8.74643
7.16	51.2656	2.67582	8.46168	7.66	58.6756	2.76767	8.75214
7.17	51.4089	2.67769	8.46759	7.67	58.8289	2.76948	8.75785
7.18	51.5524	2.67955	8.47349	7.68	58.9824	2.77128	8.76356
7.19	51.6961	2.68142	8.47939	7.69	59.1361	2.77308	8.76926
7.20	51.8400	2.68328	8.48528	**7.70**	59.2900	2.77489	8.77496
7.21	51.9841	2.68514	8.49117	7.71	59.4441	2.77669	8.78066
7.22	52.1284	2.68701	8.49706	7.72	59.5984	2.77849	8.78635
7.23	52.2729	2.68887	8.50294	7.73	59.7529	2.78029	8.79204
7.24	52.4176	2.69072	8.50882	7.74	59.9076	2.78209	8.79773
7.25	52.5625	2.69258	8.51469	7.75	60.0625	2.78388	8.80341
7.26	52.7076	2.69444	8.52056	7.76	60.2176	2.78568	8.80909
7.27	52.8529	2.69629	8.52643	7.77	60.3729	2.78747	8.81476
7.28	52.9984	2.69815	8.53229	7.78	60.5284	2.78927	8.82043
7.29	53.1441	2.70000	8.53815	7.79	60.6841	2.79106	8.82610
7.30	53.2900	2.70185	8.54400	**7.80**	60.8400	2.79285	8.83176
7.31	53.4361	2.70370	8.54985	7.81	60.9961	2.79464	8.83742
7.32	53.5824	2.70555	8.55570	7.82	61.1524	2.79643	8.84308
7.33	53.7289	2.70740	8.56154	7.83	61.3089	2.79821	8.84873
7.34	53.8756	2.70924	8.56738	7.84	61.4656	2.80000	8.85438
7.35	54.0225	2.71109	8.57321	7.85	61.6225	2.80179	8.86002
7.36	54.1696	2.71293	8.57904	7.86	61.7796	2.80357	8.86566
7.37	54.3169	2.71477	8.58487	7.87	61.9369	2.80535	8.87130
7.38	54.4644	2.71662	8.59069	7.88	62.0944	2.80713	8.87694
7.39	54.6121	2.71846	8.59651	7.89	62.2521	2.80891	8.88257
7.40	54.7600	2.72029	8.60233	**7.90**	62.4100	2.81069	8.88819
7.41	54.9081	2.72213	8.60814	7.91	62.5681	2.81247	8.89382
7.42	55.0564	2.72397	8.61394	7.92	62.7264	2.81425	8.89944
7.43	55.2049	2.72580	8.61974	7.93	62.8849	2.81603	8.90505
7.44	55.3536	2.72764	8.62554	7.94	63.0436	2.81780	8.91067
7.45	55.5025	2.72947	8.63134	7.95	63.2025	2.81957	8.91628
7.46	55.6516	2.73130	8.63713	7.96	63.3616	2.82135	8.92188
7.47	55.8009	2.73313	8.64292	7.97	63.5209	2.82312	8.92749
7.48	55.9504	2.73496	8.64870	7.98	63.6804	2.82489	8.93308
7.49	56.1001	2.73679	8.65448	7.99	63.8401	2.82666	8.93868
7.50	56.2500	2.73861	8.66025	**8.00**	64.0000	2.82843	8.94427
N	N²	√N	√10N	N	N²	√N	√10N

■付録A 表 表II （続き）

N	N²	√N	√10N	N	N²	√N	√10N
8.00	64.0000	2.82843	8.94427	**8.50**	72.2500	2.91548	9.21954
8.01	64.1601	2.83019	8.94986	8.51	72.4201	2.91719	9.22497
8.02	64.3204	2.83196	8.95545	8.52	72.5904	2.91890	9.23038
8.03	64.4809	2.83373	8.96103	8.53	72.7609	2.92062	9.23580
8.04	64.6416	2.83549	8.96660	8.54	72.9316	2.92233	9.24121
8.05	64.8025	2.83725	8.97218	8.55	73.1025	2.92404	9.24662
8.06	64.9636	2.83901	8.97775	8.56	73.2736	2.92575	9.25203
8.07	65.1249	2.84077	8.98332	8.57	73.4449	2.92746	9.25743
8.08	65.2864	2.84253	8.98888	8.58	73.6164	2.92916	9.26283
8.09	65.4481	2.84429	8.99444	8.59	73.7881	2.93087	9.26823
8.10	65.6100	2.84605	9.00000	**8.60**	73.9600	2.93258	9.27362
8.11	65.7721	2.84781	9.00555	8.61	74.1321	2.93428	9.27901
8.12	65.9344	2.84956	9.01110	8.62	74.3044	2.93598	9.28440
8.13	66.0969	2.85132	9.01665	8.63	74.4769	2.93769	9.28978
8.14	66.2596	2.85307	9.02219	8.64	74.6496	2.93939	9.29516
8.15	66.4225	2.85482	9.02774	8.65	74.8225	2.94109	9.30054
8.16	66.5856	2.85657	9.03327	8.66	74.9956	2.94279	9.30591
8.17	66.7489	2.85832	9.03881	8.67	75.1689	2.94449	9.31128
8.18	66.9124	2.86007	9.04434	8.68	75.3424	2.94618	9.31665
8.19	67.0761	2.86182	9.04986	8.69	75.5161	2.94788	9.32202
8.20	67.2400	2.86356	9.05539	**8.70**	75.6900	2.94958	9.32738
8.21	67.4041	2.86531	9.06091	8.71	75.8641	2.95127	9.33274
8.22	67.5684	2.86705	9.06642	8.72	76.0384	2.95296	9.33809
8.23	67.7329	2.86880	9.07193	8.73	76.2129	2.95466	9.34345
8.24	67.8976	2.87054	9.07744	8.74	76.3876	2.95635	9.34880
8.25	68.0625	2.87228	9.08295	8.75	76.5625	2.95804	9.35414
8.26	68.2276	2.87402	9.08845	8.76	76.7376	2.95973	9.35949
8.27	68.3929	2.87576	9.09395	8.77	76.9129	2.96142	9.36483
8.28	68.5584	2.87750	9.09945	8.78	77.0884	2.96311	9.37017
8.29	68.7241	2.87924	9.10494	8.79	77.2641	2.96479	9.37550
8.30	68.8900	2.88097	9.11045	**8.80**	77.4400	2.96648	9.38083
8.31	69.0561	2.88271	9.11592	8.81	77.6161	2.96816	9.38616
8.32	69.2224	2.88444	9.12140	8.82	77.7924	2.96985	9.39149
8.33	69.3889	2.88617	9.12688	8.83	77.9689	2.97153	9.39681
8.34	69.5556	2.88791	9.13236	8.84	78.1456	2.97321	9.40213
8.35	69.7225	2.88964	9.13783	8.85	78.3225	2.97489	9.40744
8.36	69.8896	2.89137	9.14330	8.86	78.4996	2.97658	9.41276
8.37	70.0569	2.89310	9.14877	8.87	78.6769	2.97825	9.41807
8.38	70.2244	2.89482	9.15423	8.88	78.8544	2.97993	9.42338
8.39	70.3921	2.89655	9.15969	8.89	79.0321	2.98161	9.42868
8.40	70.5600	2.89828	9.16515	**8.90**	79.2100	2.98329	9.43398
8.41	70.7281	2.90000	9.17061	8.91	79.3881	2.98496	9.43928
8.42	70.8964	2.90172	9.17606	8.92	79.5664	2.98664	9.44458
8.43	71.0649	2.90345	9.18150	8.93	79.7449	2.98831	9.44987
8.44	71.2336	2.90517	9.18695	8.94	79.9236	2.98998	9.45516
8.45	71.4025	2.90689	9.19239	8.95	80.1025	2.99166	9.46044
8.46	71.5716	2.90861	9.19783	8.96	80.2816	2.99333	9.46573
8.47	71.7409	2.91033	9.20326	8.97	80.4609	2.99500	9.47101
8.48	71.9104	2.91204	9.20869	8.98	80.6404	2.99666	9.47629
8.49	72.0801	2.91376	9.21412	8.99	80.8201	2.99833	9.48156
8.50	72.2500	2.91548	9.21954	**9.00**	81.0000	3.00000	9.48683
N	N²	√N	√10N	N	N²	√N	√10N

表 II （続き）

N	N²	√N	√10N	N	N²	√N	√10N
9.00	81.0000	3.00000	9.48683	**9.50**	90.2500	3.08221	9.74679
9.01	81.1801	3.00167	9.49210	9.51	90.4401	3.08383	9.75192
9.02	81.3604	3.00333	9.49737	9.52	90.6304	3.08545	9.75705
9.03	81.5409	3.00500	9.50263	9.53	90.8209	3.08707	9.76217
9.04	81.7216	3.00666	9.50789	9.54	91.0116	3.08869	9.76729
9.05	81.9025	3.00832	9.51315	9.55	91.2025	3.09031	9.77241
9.06	82.0836	3.00998	9.51840	9.56	91.3936	3.09192	9.77753
9.07	82.2649	3.01164	9.52365	9.57	91.5849	3.09354	9.78264
9.08	82.4464	3.01330	9.52890	9.58	91.7764	3.09516	9.78775
9.09	82.6281	3.01496	9.53415	9.59	91.9681	3.09677	9.79285
9.10	82.8100	3.01662	9.53939	**9.60**	92.1600	3.09839	9.79796
9.11	82.9921	3.01828	9.54463	9.61	92.3521	3.10000	9.80306
9.12	83.1744	3.01993	9.54987	9.62	92.5444	3.10161	9.80816
9.13	83.3569	3.02159	9.55510	9.63	92.7369	3.10322	9.81326
9.14	83.5396	3.02324	9.56033	9.64	92.9296	3.10483	9.81835
9.15	83.7225	3.02490	9.56556	9.65	93.1225	3.10644	9.82344
9.16	83.9056	3.02655	9.57079	9.66	93.3156	3.10805	9.82853
9.17	84.0889	3.02820	9.57601	9.67	93.5089	3.10966	9.83362
9.18	84.2724	3.02985	9.58123	9.68	93.7024	3.11127	9.83870
9.19	84.4561	3.03150	9.58645	9.69	93.8961	3.11288	9.84378
9.20	84.6400	3.03315	9.59166	**9.70**	94.0900	3.11448	9.84886
9.21	84.8241	3.03480	9.59687	9.71	94.2841	3.11609	9.85393
9.22	85.0084	3.03645	9.60208	9.72	94.4784	3.11769	9.85901
9.23	85.1929	3.03809	9.60729	9.73	94.6729	3.11929	9.86408
9.24	85.3776	3.03974	9.61249	9.74	94.8676	3.12090	9.86914
9.25	85.5625	3.04138	9.61769	9.75	95.0625	3.12250	9.87421
9.26	85.7476	3.04302	9.62289	9.76	95.2576	3.12410	9.87927
9.27	85.9329	3.04467	9.62808	9.77	95.4529	3.12570	9.88433
9.28	86.1184	3.04631	9.63328	9.78	95.6484	3.12730	9.88939
9.29	86.3041	3.04795	9.63846	9.79	95.8441	3.12890	9.89444
9.30	86.4900	3.04959	9.64365	**9.80**	96.0400	3.13050	9.89949
9.31	86.6761	3.05123	9.64883	9.81	96.2361	3.13209	9.90454
9.32	86.8624	3.05287	9.65401	9.82	96.4324	3.13369	9.90959
9.33	87.0489	3.05450	9.65919	9.83	96.6289	3.13528	9.91464
9.34	87.2356	3.05614	9.66437	9.84	96.8256	3.13688	9.91968
9.35	87.4225	3.05778	9.66954	9.85	97.0225	3.13847	9.92472
9.36	87.6096	3.05941	9.67471	9.86	97.2196	3.14006	9.92974
9.37	87.7969	3.06105	9.67988	9.87	97.4169	3.14166	9.93479
9.38	87.9844	3.06268	9.68504	9.88	97.6144	3.14325	9.93982
9.39	88.1721	3.06431	9.69020	9.89	97.8121	3.14484	9.94485
9.40	88.3600	3.06594	9.69536	**9.90**	98.0100	3.14643	9.94987
9.41	88.5481	3.06757	9.70052	9.91	98.2081	3.14802	9.95490
9.42	88.7364	3.06920	9.70567	9.92	98.4064	3.14960	9.95992
9.43	88.9249	3.07083	9.71082	9.93	98.6049	3.15119	9.96494
9.44	89.1136	3.07246	9.71597	9.94	98.8036	3.15278	9.96995
9.45	89.3025	3.07409	9.72111	9.95	99.0025	3.15436	9.97497
9.46	89.4916	3.07571	9.72625	9.96	99.2016	3.15595	9.97998
9.47	89.6809	3.07734	9.73139	9.97	99.4009	3.15753	9.98499
9.48	89.8704	3.07896	9.73653	9.98	99.6004	3.15911	9.98999
9.49	90.0601	3.08058	9.74166	9.99	99.8001	3.16070	9.99500
9.50	90.2500	3.08221	9.74679	**10.0**	100.000	3.16228	10.0000
N	N²	√N	√10N	N	N²	√N	√10N

From Paul G. Hoel, *Elementary Statistics*, 3rd ed., © 1971, John Wiley and Sons, Inc., New York, pp. 275-283.

■付録A 表　　　表III　二項確率

n	x	0.05	0.1	0.2	0.25	0.3	0.4	0.5	0.6	0.7	0.75	0.8	0.9	0.95
2	0	0.902	0.810	0.640	0.563	0.490	0.360	0.250	0.160	0.090	0.063	0.040	0.010	0.002
	1	0.095	0.180	0.320	0.375	0.420	0.480	0.500	0.480	0.420	0.375	0.320	0.180	0.095
	2	0.002	0.010	0.040	0.063	0.090	0.160	0.250	0.360	0.490	0.563	0.640	0.810	0.902
3	0	0.857	0.729	0.512	0.422	0.343	0.216	0.125	0.064	0.027	0.016	0.008	0.001	
	1	0.135	0.243	0.384	0.422	0.441	0.432	0.375	0.288	0.189	0.141	0.096	0.027	0.007
	2	0.007	0.027	0.096	0.141	0.189	0.288	0.375	0.432	0.441	0.422	0.384	0.243	0.135
	3		0.001	0.008	0.016	0.027	0.064	0.125	0.216	0.343	0.422	0.512	0.729	0.857
4	0	0.815	0.656	0.410	0.316	0.240	0.130	0.062	0.026	0.008	0.004	0.002		
	1	0.171	0.292	0.410	0.422	0.412	0.346	0.250	0.154	0.076	0.047	0.026	0.004	
	2	0.014	0.049	0.154	0.211	0.265	0.346	0.375	0.346	0.265	0.211	0.154	0.049	0.014
	3		0.004	0.026	0.047	0.076	0.154	0.250	0.346	0.412	0.422	0.410	0.292	0.171
	4			0.002	0.004	0.008	0.026	0.062	0.130	0.240	0.316	0.410	0.656	0.815
5	0	0.774	0.590	0.328	0.237	0.168	0.078	0.031	0.010	0.002	0.001			
	1	0.204	0.328	0.410	0.396	0.360	0.259	0.156	0.007	0.028	0.015	0.006		
	2	0.021	0.073	0.205	0.264	0.309	0.346	0.312	0.230	0.132	0.088	0.051	0.008	0.001
	3	0.001	0.008	0.051	0.088	0.132	0.230	0.312	0.346	0.309	0.274	0.205	0.073	0.021
	4			0.006	0.015	0.028	0.077	0.156	0.259	0.360	0.396	0.410	0.328	0.204
	5				0.001	0.002	0.010	0.031	0.078	0.168	0.237	0.328	0.590	0.774
6	0	0.735	0.531	0.262	0.178	0.118	0.047	0.016	0.004	0.001				
	1	0.232	0.354	0.393	0.356	0.303	0.187	0.094	0.037	0.010	0.004	0.002		
	2	0.031	0.098	0.246	0.297	0.324	0.311	0.234	0.138	0.060	0.033	0.015	0.001	
	3	0.002	0.015	0.082	0.132	0.185	0.276	0.132	0.276	0.185	0.132	0.082	0.015	0.002
	4		0.001	0.015	0.033	0.060	0.138	0.234	0.311	0.324	0.297	0.246	0.098	0.031
	5			0.002	0.004	0.010	0.037	0.094	0.187	0.303	0.356	0.393	0.354	0.232
	6					0.001	0.004	0.016	0.047	0.118	0.178	0.262	0.531	0.735
7	0	0.698	0.478	0.210	0.134	0.082	0.028	0.008	0.002					
	1	0.257	0.372	0.367	0.312	0.247	0.131	0.055	0.017	0.004	0.001			
	2	0.041	0.124	0.275	0.312	0.318	0.261	0.164	0.077	0.025	0.012	0.004		
	3	0.004	0.023	0.115	0.173	0.227	0.290	0.273	0.194	0.097	0.058	0.029	0.003	
	4		0.003	0.029	0.058	0.097	0.194	0.273	0.290	0.227	0.173	0.115	0.023	0.004
	5			0.004	0.012	0.025	0.077	0.164	0.261	0.318	0.312	0.275	0.124	0.041
	6				0.001	0.004	0.017	0.055	0.131	0.247	0.312	0.367	0.372	0.257
	7						0.002	0.008	0.028	0.082	0.134	0.210	0.478	0.698
8	0	0.663	0.430	0.168	0.100	0.058	0.017	0.004	0.001					
	1	0.279	0.383	0.336	0.267	0.198	0.090	0.031	0.008	0.001				
	2	0.051	0.149	0.294	0.312	0.296	0.209	0.109	0.041	0.010	0.004	0.001		
	3	0.005	0.033	0.147	0.208	0.254	0.279	0.219	0.124	0.047	0.023	0.009		
	4		0.005	0.046	0.087	0.136	0.232	0.273	0.232	0.136	0.087	0.046	0.005	
	5			0.009	0.023	0.047	0.124	0.219	0.279	0.254	0.208	0.147	0.033	0.005
	6			0.001	0.004	0.010	0.041	0.109	0.209	0.296	0.312	0.294	0.149	0.051
	7					0.001	0.008	0.031	0.090	0.198	0.267	0.336	0.383	0.279
	8						0.001	0.004	0.017	0.058	0.100	0.168	0.430	0.663

表III 二項確率（続き）

n	x	0.05	0.1	0.2	0.25	0.3	0.4	P 0.5	0.6	0.7	0.75	0.8	0.9	0.95
9	0	0.630	0.387	0.134	0.075	0.040	0.010	0.002						
	1	0.299	0.387	0.302	0.225	0.156	0.060	0.018	0.004					
	2	0.063	0.172	0.302	0.300	0.267	0.161	0.070	0.021	0.004	0.001			
	3	0.008	0.045	0.176	0.234	0.267	0.251	0.164	0.074	0.021	0.009	0.003		
	4	0.001	0.007	0.066	0.117	0.172	0.251	0.246	0.167	0.074	0.039	0.017	0.001	
	5		0.001	0.017	0.039	0.074	0.167	0.246	0.251	0.172	0.117	0.066	0.007	0.001
	6			0.003	0.009	0.021	0.074	0.164	0.251	0.267	0.234	0.176	0.045	0.008
	7				0.001	0.004	0.021	0.070	0.161	0.267	0.300	0.302	0.172	0.063
	8						0.004	0.018	0.060	0.156	0.225	0.302	0.387	0.299
	9							0.002	0.010	0.040	0.075	0.134	0.387	0.630
10	0	0.599	0.349	0.107	0.056	0.028	0.006	0.001						
	1	0.315	0.387	0.268	0.188	0.121	0.040	0.010	0.002					
	2	0.075	0.194	0.302	0.282	0.233	0.121	0.044	0.011	0.001				
	3	0.010	0.057	0.201	0.250	0.267	0.215	0.117	0.042	0.009	0.003	0.001		
	4	0.001	0.011	0.088	0.146	0.200	0.251	0.205	0.111	0.037	0.016	0.006		
	5		0.001	0.026	0.058	0.103	0.201	0.246	0.201	0.103	0.058	0.026	0.001	
	6			0.006	0.016	0.037	0.111	0.205	0.251	0.200	0.146	0.088	0.011	0.001
	7			0.001	0.003	0.009	0.042	0.117	0.215	0.267	0.250	0.201	0.057	0.010
	8					0.001	0.011	0.044	0.121	0.233	0.282	0.302	0.194	0.075
	9						0.002	0.010	0.040	0.121	0.188	0.268	0.387	0.315
	10							0.001	0.006	0.028	0.056	0.107	0.349	0.599
11	0	0.569	0.314	0.086	0.042	0.020	0.004							
	1	0.329	0.384	0.236	0.155	0.093	0.027	0.005	0.001					
	2	0.087	0.213	0.295	0.258	0.200	0.089	0.027	0.005	0.001				
	3	0.014	0.071	0.221	0.258	0.257	0.177	0.081	0.023	0.004	0.001			
	4	0.001	0.016	0.111	0.172	0.220	0.236	0.161	0.070	0.017	0.006	0.002		
	5		0.002	0.039	0.080	0.132	0.221	0.226	0.147	0.057	0.027	0.010		
	6			0.010	0.027	0.057	0.147	0.226	0.221	0.132	0.080	0.039	0.002	
	7			0.002	0.006	0.017	0.070	0.161	0.236	0.220	0.172	0.111	0.016	0.001
	8				0.001	0.004	0.023	0.081	0.177	0.257	0.258	0.221	0.071	0.014
	9					0.001	0.005	0.027	0.089	0.200	0.258	0.295	0.213	0.087
	10						0.001	0.005	0.027	0.093	0.155	0.236	0.384	0.329
	11								0.004	0.020	0.042	0.086	0.314	0.569
12	0	0.540	0.282	0.069	0.032	0.014	0.002							
	1	0.341	0.377	0.206	0.127	0.071	0.017	0.003						
	2	0.099	0.230	0.283	0.232	0.168	0.064	0.016	0.002					
	3	0.017	0.085	0.236	0.258	0.240	0.142	0.054	0.012	0.001				
	4	0.002	0.021	0.133	0.194	0.231	0.213	0.121	0.042	0.008	0.002	0.001		
	5		0.004	0.053	0.103	0.158	0.227	0.193	0.101	0.029	0.012	0.003		
	6			0.016	0.040	0.079	0.177	0.226	0.177	0.079	0.040	0.016		
	7			0.003	0.012	0.029	0.101	0.193	0.227	0.158	0.103	0.053	0.004	
	8			0.001	0.002	0.008	0.042	0.121	0.213	0.231	0.194	0.133	0.021	0.002
	9					0.001	0.012	0.054	0.142	0.240	0.258	0.236	0.085	0.017
	10						0.002	0.016	0.064	0.168	0.232	0.283	0.230	0.099
	11							0.003	0.017	0.071	0.127	0.206	0.377	0.341
	12								0.002	0.014	0.032	0.069	0.282	0.540

■付　録A　表　　　表III　二項確率（続き）

n	x	0.05	0.1	0.2	0.25	0.3	0.4	0.5	0.6	0.7	0.75	0.8	0.9	0.95
13	0	0.513	0.254	0.055	0.024	0.010	0.001							
	1	0.351	0.367	0.179	0.103	0.054	0.011	0.002						
	2	0.111	0.245	0.268	0.206	0.139	0.045	0.010	0.001					
	3	0.021	0.100	0.246	0.252	0.218	0.111	0.035	0.006	0.001				
	4	0.003	0.028	0.154	0.210	0.234	0.184	0.087	0.024	0.003				
	5		0.006	0.069	0.126	0.180	0.221	0.157	0.066	0.014	0.005	0.001		
	6		0.001	0.023	0.056	0.103	0.197	0.209	0.131	0.044	0.019	0.006		
	7			0.006	0.019	0.044	0.131	0.209	0.197	0.103	0.056	0.023	0.001	
	8			0.001	0.005	0.014	0.066	0.157	0.221	0.180	0.126	0.069	0.006	
	9				0.001	0.003	0.024	0.087	0.184	0.234	0.210	0.154	0.028	0.003
	10					0.001	0.006	0.035	0.111	0.218	0.252	0.246	0.100	0.021
	11						0.001	0.010	0.045	0.139	0.206	0.268	0.245	0.111
	12							0.002	0.011	0.054	0.103	0.179	0.367	0.351
	13								0.001	0.010	0.024	0.055	0.254	0.513
14	0	0.488	0.229	0.044	0.018	0.007	0.001							
	1	0.359	0.356	0.154	0.083	0.041	0.007	0.001						
	2	0.123	0.257	0.250	0.180	0.113	0.032	0.006	0.001					
	3	0.026	0.114	0.250	0.240	0.194	0.085	0.022	0.003					
	4	0.004	0.035	0.172	0.220	0.229	0.155	0.061	0.014	0.001				
	5		0.008	0.086	0.147	0.196	0.207	0.122	0.041	0.007	0.002			
	6		0.001	0.032	0.073	0.126	0.207	0.183	0.092	0.023	0.008	0.002		
	7			0.009	0.028	0.062	0.157	0.209	0.157	0.062	0.028	0.009		
	8			0.002	0.008	0.023	0.092	0.183	0.207	0.126	0.073	0.032	0.001	
	9				0.002	0.007	0.041	0.122	0.207	0.196	0.147	0.086	0.008	
	10					0.001	0.014	0.061	0.155	0.229	0.220	0.172	0.035	0.004
	11						0.003	0.022	0.085	0.194	0.240	0.250	0.114	0.026
	12						0.001	0.006	0.032	0.113	0.180	0.250	0.257	0.123
	13							0.001	0.007	0.041	0.083	0.154	0.356	0.359
	14								0.001	0.007	0.018	0.044	0.229	0.488
15	0	0.463	0.206	0.035	0.013	0.005								
	1	0.366	0.343	0.132	0.067	0.031	0.005							
	2	0.135	0.267	0.231	0.156	0.092	0.022	0.003						
	3	0.031	0.129	0.250	0.225	0.170	0.063	0.014	0.002					
	4	0.005	0.043	0.188	0.225	0.219	0.127	0.042	0.007	0.001				
	5	0.001	0.010	0.103	0.165	0.206	0.186	0.092	0.024	0.003	0.001			
	6		0.002	0.043	0.092	0.147	0.207	0.153	0.061	0.012	0.003	0.001		
	7			0.014	0.039	0.081	0.177	0.196	0.118	0.035	0.013	0.003		
	8			0.003	0.013	0.035	0.118	0.196	0.177	0.081	0.039	0.014		
	9			0.001	0.003	0.012	0.061	0.153	0.207	0.147	0.092	0.043	0.002	
	10				0.001	0.003	0.024	0.092	0.186	0.206	0.165	0.103	0.010	0.001
	11					0.001	0.007	0.042	0.127	0.219	0.225	0.188	0.043	0.005
	12						0.002	0.014	0.063	0.170	0.225	0.250	0.129	0.031
	13							0.003	0.022	0.092	0.156	0.231	0.267	0.135
	14								0.005	0.031	0.067	0.132	0.343	0.366
	15									0.005	0.013	0.035	0.206	0.463

表 IV　正規曲線の下の面積

表の中の数値は，全体の曲線の中で $z=0$ と正の z の値の間に存在する割合です。負の z の値については，対称に得られます。

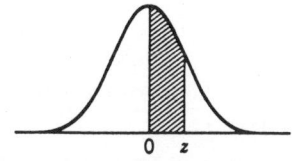

z の第 2 小数位

z	.00	.01	.02	.03	.04	.05	.06	.07	.08	.09
0.0	.0000	.0040	.0080	.0120	.0160	.0199	.0239	.0279	.0319	.0359
0.1	.0398	.0438	.0478	.0517	.0557	.0596	.0636	.0675	.0714	.0753
0.2	.0793	.0832	.0871	.0910	.0948	.0987	.1026	.1064	.1103	.1141
0.3	.1179	.1217	.1255	.1293	.1331	.1368	.1406	.1443	.1480	.1517
0.4	.1554	.1591	.1628	.1664	.1700	.1736	.1772	.1808	.1844	.1879
0.5	.1915	.1950	.1985	.2019	.2054	.2088	.2123	.2157	.2190	.2224
0.6	.2257	.2291	.2324	.2357	.2389	.2422	.2454	.2486	.2517	.2549
0.7	.2580	.2611	.2642	.2673	.2703	.2734	.2764	.2794	.2823	.2852
0.8	.2881	.2910	.2939	.2967	.2995	.3023	.3051	.3078	.3106	.3133
0.9	.3159	.3186	.3212	.3238	.3264	.3289	.3315	.3340	.3365	.3389
1.0	.3413	.3438	.3461	.3485	.3508	.3531	.3554	.3577	.3599	.3621
1.1	.3643	.3665	.3686	.3708	.3729	.3749	.3770	.3790	.3810	.3830
1.2	.3849	.3869	.3888	.3907	.3925	.3944	.3962	.3980	.3997	.4015
1.3	.4032	.4049	.4066	.4082	.4099	.4115	.4131	.4147	.4162	.4177
1.4	.4192	.4207	.4222	.4236	.4251	.4265	.4279	.4292	.4306	.4319
1.5	.4332	.4345	.4357	.4370	.4382	.4394	.4406	.4418	.4429	.4441
1.6	.4452	.4463	.4474	.4484	.4495	.4505	.4515	.4525	.4535	.4545
1.7	.4554	.4564	.4573	.4582	.4591	.4599	.4608	.4616	.4625	.4633
1.8	.4641	.4649	.4656	.4664	.4671	.4678	.4686	.4693	.4699	.4706
1.9	.4713	.4719	.4726	.4732	.4738	.4744	.4750	.4756	.4761	.4767
2.0	.4772	.4778	.4783	.4788	.4793	.4798	.4803	.4808	.4812	.4817
2.1	.4821	.4826	.4830	.4834	.4838	.4842	.4846	.4850	.4854	.4857
2.2	.4861	.4864	.4868	.4871	.4875	.4878	.4881	.4884	.4887	.4890
2.3	.4893	.4896	.4898	.4901	.4904	.4906	.4909	.4911	.4913	.4916
2.4	.4918	.4920	.4922	.4925	.4927	.4929	.4931	.4932	.4934	.4936
2.5	.4938	.4940	.4941	.4943	.4945	.4946	.4948	.4949	.4951	.4952
2.6	.4953	.4955	.4956	.4957	.4959	.4960	.4961	.4962	.4963	.4964
2.7	.4965	.4966	.4967	.4968	.4969	.4970	.4971	.4972	.4973	.4974
2.8	.4974	.4975	.4976	.4977	.4977	.4978	.4979	.4979	.4980	.4981
2.9	.4981	.4982	.4982	.4983	.4984	.4984	.4985	.4985	.4986	.4986
3.0	.4987	.4987	.4987	.4988	.4988	.4989	.4989	.4989	.4990	.4990

From Paul G. Hoel, *Elementary Statistics*, 3rd ed., © 1971, John Wiley and Sons, Inc., New York, p. 287.

■付録A 表　　　表V　t分布の棄却点

1列目には，自由度の数（df）が載せてあります．その他の列の見出しは表の値を超えるtの確率です．負のt値については対称に用います．

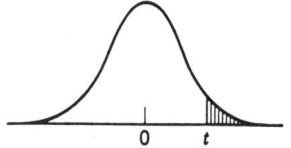

df \ P	.10	.05	.025	.01	.005
1	3.078	6.314	12.706	31.821	63.657
2	1.886	2.920	4.303	6.965	9.925
3	1.638	2.353	3.182	4.541	5.841
4	1.533	2.132	2.776	3.747	4.604
5	1.476	2.015	2.571	3.365	4.032
6	1.440	1.943	2.447	3.143	3.707
7	1.415	1.895	2.365	2.998	3.499
8	1.397	1.860	2.306	2.896	3.355
9	1.383	1.833	2.262	2.821	3.250
10	1.372	1.812	2.228	2.764	3.169
11	1.363	1.796	2.201	2.718	3.106
12	1.356	1.782	2.179	2.681	3.055
13	1.350	1.771	2.160	2.650	3.012
14	1.345	1.761	2.145	2.624	2.977
15	1.341	1.753	2.131	2.602	2.947
16	1.337	1.746	2.120	2.583	2.921
17	1.333	1.740	2.110	2.567	2.898
18	1.330	1.734	2.101	2.552	2.878
19	1.328	1.729	2.093	2.539	2.861
20	1.325	1.725	2.086	2.528	2.845
21	1.323	1.721	2.080	2.518	2.831
22	1.321	1.717	2.074	2.508	2.819
23	1.319	1.714	2.069	2.500	2.807
24	1.318	1.711	2.064	2.492	2.797
25	1.316	1.708	2.060	2.485	2.787
26	1.315	1.706	2.056	2.479	2.779
27	1.314	1.703	2.052	2.473	2.771
28	1.313	1.701	2.048	2.467	2.763
29	1.311	1.699	2.045	2.462	2.756
30	1.310	1.697	2.042	2.457	2.750
40	1.303	1.684	2.021	2.423	2.704
60	1.296	1.671	2.000	2.390	2.660
120	1.289	1.658	1.980	2.358	2.617
∞	1.282	1.645	1.960	2.326	2.576

From Paul G. Hoel, *Elementary Statistics*, 3rd ed., © 1971, John Wiley and Sons, Inc., New York, p. 288.

表VI F分布の棄却点

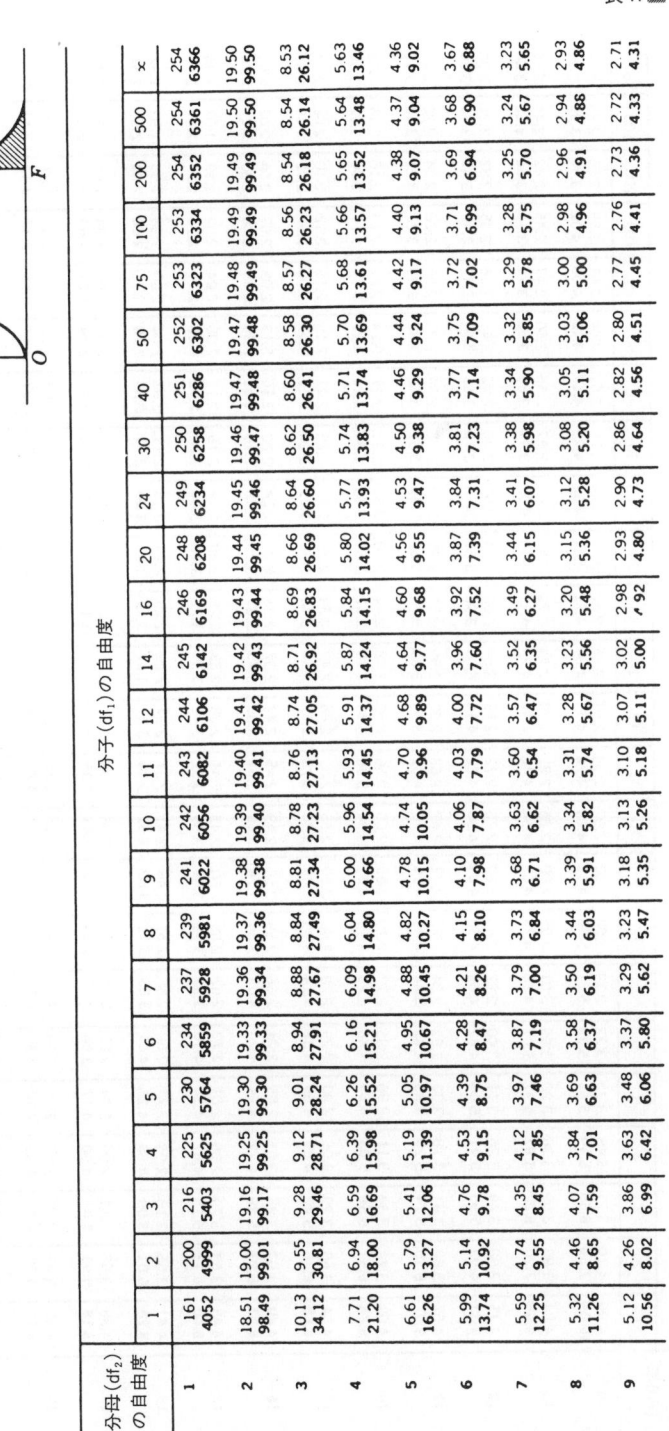

F の分布における 5%（上段）と 1%（下段）の値

分母(df_2)の自由度	1	2	3	4	5	6	7	8	9	10	11	12	14	16	20	24	30	40	50	75	100	200	500	∞
1	161 4052	200 4999	216 5403	225 5625	230 5764	234 5859	237 5928	239 5981	241 6022	242 6056	243 6082	244 6106	245 6142	246 6169	248 6208	249 6234	250 6258	251 6286	252 6302	253 6323	253 6334	254 6352	254 6361	254 6366
2	18.51 98.49	19.00 99.01	19.16 99.17	19.25 99.25	19.30 99.30	19.33 99.33	19.36 99.34	19.37 99.36	19.38 99.38	19.39 99.40	19.40 99.41	19.41 99.42	19.42 99.43	19.43 99.44	19.44 99.45	19.45 99.46	19.46 99.47	19.47 99.48	19.47 99.48	19.48 99.49	19.49 99.49	19.49 99.49	19.50 99.50	19.50 99.50
3	10.13 34.12	9.55 30.81	9.28 29.46	9.12 28.71	9.01 28.24	8.94 27.91	8.88 27.67	8.84 27.49	8.81 27.34	8.78 27.23	8.76 27.13	8.74 27.05	8.71 26.92	8.69 26.83	8.66 26.69	8.64 26.60	8.62 26.50	8.60 26.41	8.58 26.30	8.57 26.27	8.56 26.23	8.54 26.18	8.54 26.14	8.53 26.12
4	7.71 21.20	6.94 18.00	6.59 16.69	6.39 15.98	6.26 15.52	6.16 15.21	6.09 14.98	6.04 14.80	6.00 14.66	5.96 14.54	5.93 14.45	5.91 14.37	5.87 14.24	5.84 14.15	5.80 14.02	5.77 13.93	5.74 13.83	5.71 13.74	5.70 13.69	5.68 13.61	5.66 13.57	5.65 13.52	5.64 13.48	5.63 13.46
5	6.61 16.26	5.79 13.27	5.41 12.06	5.19 11.39	5.05 10.97	4.95 10.67	4.88 10.45	4.82 10.27	4.78 10.15	4.74 10.05	4.70 9.96	4.68 9.89	4.64 9.77	4.60 9.68	4.56 9.55	4.53 9.47	4.50 9.38	4.46 9.29	4.44 9.24	4.42 9.17	4.40 9.13	4.38 9.07	4.37 9.04	4.36 9.02
6	5.99 13.74	5.14 10.92	4.76 9.78	4.53 9.15	4.39 8.75	4.28 8.47	4.21 8.26	4.15 8.10	4.10 7.98	4.06 7.87	4.03 7.79	4.00 7.72	3.96 7.60	3.92 7.52	3.87 7.39	3.84 7.31	3.81 7.23	3.77 7.14	3.75 7.09	3.72 7.02	3.71 6.99	3.69 6.94	3.68 6.90	3.67 6.88
7	5.59 12.25	4.74 9.55	4.35 8.45	4.12 7.85	3.97 7.46	3.87 7.19	3.79 7.00	3.73 6.84	3.68 6.71	3.63 6.62	3.60 6.54	3.57 6.47	3.52 6.35	3.49 6.27	3.44 6.15	3.41 6.07	3.38 5.98	3.34 5.90	3.32 5.85	3.29 5.78	3.28 5.75	3.25 5.70	3.24 5.67	3.23 5.65
8	5.32 11.26	4.46 8.65	4.07 7.59	3.84 7.01	3.69 6.63	3.58 6.37	3.50 6.19	3.44 6.03	3.39 5.91	3.34 5.82	3.31 5.74	3.28 5.67	3.23 5.56	3.20 5.48	3.15 5.36	3.12 5.28	3.08 5.20	3.05 5.11	3.03 5.06	3.00 5.00	2.98 4.96	2.96 4.91	2.94 4.88	2.93 4.86
9	5.12 10.56	4.26 8.02	3.86 6.99	3.63 6.42	3.48 6.06	3.37 5.80	3.29 5.62	3.23 5.47	3.18 5.35	3.13 5.26	3.10 5.18	3.07 5.11	3.02 5.00	2.98 4.92	2.93 4.80	2.90 4.73	2.86 4.64	2.82 4.56	2.80 4.51	2.77 4.45	2.76 4.41	2.73 4.36	2.72 4.33	2.71 4.31

分子(df_1)の自由度

■付録A 表

表VI（続き）

分母(df_2)の自由度	分子(df_1)の自由度																					
	1	2	3	4	5	6	7	8	9	10	11	12	14	16	20	24	30	40	50	75	100	200	500	∞
10	4.96 10.04	4.10 7.56	3.71 6.55	3.48 5.99	3.33 5.64	3.22 5.39	3.14 5.21	3.07 5.06	3.02 4.95	2.97 4.85	2.94 4.78	2.91 4.71	2.86 4.60	2.82 4.52	2.77 4.41	2.74 4.33	2.70 4.25	2.67 4.17	2.64 4.12	2.61 4.05	2.59 4.01	2.56 3.96	2.55 3.93	2.54 3.91
11	4.84 9.65	3.98 7.20	3.59 6.22	3.36 5.67	3.20 5.32	3.09 5.07	3.01 4.88	2.95 4.74	2.90 4.63	2.86 4.54	2.82 4.46	2.79 4.40	2.74 4.29	2.70 4.21	2.65 4.10	2.61 4.02	2.57 3.94	2.53 3.86	2.50 3.80	2.47 3.74	2.45 3.70	2.42 3.66	2.41 3.62	2.40 3.60
12	4.75 9.33	3.88 6.93	3.49 5.95	3.26 5.41	3.11 5.06	3.00 4.82	2.92 4.65	2.85 4.50	2.80 4.39	2.76 4.30	2.72 4.22	2.69 4.16	2.64 4.05	2.60 3.98	2.54 3.86	2.50 3.78	2.46 3.70	2.42 3.61	2.40 3.56	2.36 3.49	2.35 3.46	2.32 3.41	2.31 3.38	2.30 3.36
13	4.67 9.07	3.80 6.70	3.41 5.74	3.18 5.20	3.02 4.86	2.92 4.62	2.84 4.44	2.77 4.30	2.72 4.19	2.67 4.10	2.63 4.02	2.60 3.96	2.55 3.85	2.51 3.78	2.46 3.67	2.42 3.59	2.38 3.51	2.34 3.42	2.32 3.37	2.28 3.30	2.26 3.27	2.24 3.21	2.22 3.18	2.21 3.16
14	4.60 8.86	3.74 6.51	3.34 5.56	3.11 5.03	2.96 4.69	2.85 4.46	2.77 4.28	2.70 4.14	2.65 4.03	2.60 3.94	2.56 3.86	2.53 3.80	2.48 3.70	2.44 3.62	2.39 3.51	2.35 3.43	2.31 3.34	2.27 3.26	2.24 3.21	2.21 3.14	2.19 3.11	2.16 3.06	2.14 3.02	2.13 3.00
15	4.54 8.68	3.68 6.36	3.29 5.42	3.06 4.89	2.90 4.56	2.79 4.32	2.70 4.14	2.64 4.00	2.59 3.89	2.55 3.80	2.51 3.73	2.48 3.67	2.43 3.56	2.39 3.48	2.33 3.36	2.29 3.29	2.25 3.20	2.21 3.12	2.18 3.07	2.15 3.00	2.12 2.97	2.10 2.92	2.08 2.89	2.07 2.87
16	4.49 8.53	3.63 6.23	3.24 5.29	3.01 4.77	2.85 4.44	2.74 4.20	2.66 4.03	2.59 3.89	2.54 3.78	2.49 3.69	2.45 3.61	2.42 3.55	2.37 3.45	2.33 3.37	2.28 3.25	2.24 3.18	2.20 3.10	2.16 3.01	2.13 2.96	2.09 2.89	2.07 2.86	2.04 2.80	2.02 2.77	2.01 2.75
17	4.45 8.40	3.59 6.11	3.20 5.18	2.96 4.67	2.81 4.34	2.70 4.10	2.62 3.93	2.55 3.79	2.50 3.68	2.45 3.59	2.41 3.52	2.38 3.45	2.33 3.35	2.29 3.27	2.23 3.16	2.19 3.08	2.15 3.00	2.11 2.92	2.08 2.86	2.04 2.79	2.02 2.76	1.99 2.70	1.97 2.67	1.96 2.65
18	4.41 8.28	3.55 6.01	3.16 5.09	2.93 4.58	2.77 4.25	2.66 4.01	2.58 3.85	2.51 3.71	2.46 3.60	2.41 3.51	2.37 3.44	2.34 3.37	2.29 3.27	2.25 3.19	2.19 3.07	2.15 3.00	2.11 2.91	2.07 2.83	2.04 2.78	2.00 2.71	1.98 2.68	1.95 2.62	1.93 2.59	1.92 2.57
19	4.38 8.18	3.52 5.93	3.13 5.01	2.90 4.50	2.74 4.17	2.63 3.94	2.55 3.77	2.48 3.63	2.43 3.52	2.38 3.43	2.34 3.36	2.31 3.30	2.26 3.19	2.21 3.12	2.15 3.00	2.11 2.92	2.07 2.84	2.02 2.76	2.00 2.70	1.96 2.63	1.94 2.60	1.91 2.54	1.90 2.51	1.88 2.49
20	4.35 8.10	3.49 5.85	3.10 4.94	2.87 4.43	2.71 4.10	2.60 3.87	2.52 3.71	2.45 3.56	2.40 3.45	2.35 3.37	2.31 3.30	2.28 3.23	2.23 3.13	2.18 3.05	2.12 2.94	2.08 2.86	2.04 2.77	1.99 2.69	1.96 2.63	1.92 2.56	1.90 2.53	1.87 2.47	1.85 2.44	1.84 2.42
21	4.32 8.02	3.47 5.78	3.07 4.87	2.84 4.37	2.68 4.04	2.57 3.81	2.49 3.65	2.42 3.51	2.37 3.40	2.32 3.31	2.28 3.24	2.25 3.17	2.20 3.07	2.15 2.99	2.09 2.88	2.05 2.80	2.00 2.72	1.96 2.63	1.93 2.58	1.89 2.51	1.87 2.47	1.84 2.42	1.82 2.38	1.81 2.36
22	4.30 7.94	3.44 5.72	3.05 4.82	2.82 4.31	2.66 3.99	2.55 3.76	2.47 3.59	2.40 3.45	2.35 3.35	2.30 3.26	2.26 3.18	2.23 3.12	2.18 3.02	2.13 2.94	2.07 2.83	2.03 2.75	1.98 2.67	1.93 2.58	1.91 2.53	1.87 2.46	1.84 2.42	1.81 2.37	1.80 2.33	1.78 2.31
23	4.28 7.88	3.42 5.66	3.03 4.76	2.80 4.26	2.64 3.94	2.53 3.71	2.45 3.54	2.38 3.41	2.32 3.30	2.28 3.21	2.24 3.14	2.20 3.07	2.14 2.97	2.10 2.89	2.04 2.78	2.00 2.70	1.96 2.62	1.91 2.53	1.88 2.48	1.84 2.41	1.82 2.37	1.79 2.32	1.77 2.28	1.76 2.26

24	4.26 7.82	3.40 5.61	3.01 4.72	2.78 4.22	2.62 3.90	2.51 3.67	2.43 3.50	2.36 3.36	2.30 3.25	2.26 3.17	2.22 3.09	2.18 3.03	2.13 2.93	2.09 2.85	2.02 2.74	1.98 2.66	1.94 2.58	1.89 2.49	1.86 2.44	1.82 2.36	1.80 2.33	1.76 2.27	1.74 2.23	1.73 2.21
25	4.24 7.77	3.38 5.57	2.99 4.68	2.76 4.18	2.60 3.86	2.49 3.63	2.41 3.46	2.34 3.32	2.28 3.21	2.24 3.13	2.20 3.05	2.16 2.99	2.11 2.89	2.06 2.81	2.00 2.70	1.96 2.62	1.92 2.54	1.87 2.45	1.84 2.40	1.80 2.32	1.77 2.29	1.74 2.23	1.72 2.19	1.71 2.17
26	4.22 7.72	3.37 5.53	2.89 4.64	2.74 4.14	2.59 3.82	2.47 3.59	2.39 3.42	2.32 3.29	2.27 3.17	2.22 3.09	2.18 3.02	2.15 2.96	2.10 2.86	2.05 2.77	1.99 2.66	1.95 2.58	1.90 2.50	1.85 2.41	1.82 2.36	1.78 2.28	1.76 2.25	1.72 2.19	1.70 2.15	1.69 2.13
27	4.21 7.68	3.35 5.49	2.96 4.60	2.73 4.11	2.57 3.79	2.46 3.56	2.37 3.39	2.30 3.26	2.25 3.14	2.20 3.06	2.16 2.98	2.13 2.93	2.08 2.83	2.03 2.74	1.97 2.63	1.93 2.55	1.88 2.47	1.84 2.38	1.80 2.33	1.76 2.25	1.74 2.21	1.71 2.16	1.68 2.12	1.67 2.10
28	4.20 7.64	3.34 5.45	2.95 4.57	2.71 4.07	2.56 3.76	2.44 3.53	2.36 3.36	2.29 3.23	3.24 3.11	2.19 3.03	2.15 2.95	2.12 2.90	2.06 2.80	2.02 2.71	1.96 2.60	1.91 2.52	1.87 2.44	1.81 2.35	1.78 2.30	1.75 2.22	1.71 2.19	1.69 2.13	1.67 2.09	1.65 2.06
29	4.18 7.60	3.33 5.52	2.93 4.54	2.70 4.04	2.54 3.73	2.43 3.50	2.35 3.33	2.28 3.20	2.22 3.08	2.18 3.00	2.14 2.92	2.10 2.87	2.05 2.77	2.00 2.68	1.94 2.57	1.90 2.49	1.85 2.41	1.80 2.32	1.77 2.27	1.73 2.19	1.69 2.15	1.68 2.10	1.65 2.06	1.64 2.03
30	4.17 7.56	3.32 5.39	2.92 4.51	2.69 4.02	2.53 3.70	2.42 3.47	2.34 3.30	2.27 3.17	2.21 3.06	2.16 2.98	2.12 2.00	2.09 2.84	2.04 2.74	1.99 2.66	1.93 2.55	1.89 2.47	1.84 2.38	1.79 2.29	1.76 2.24	1.72 2.16	1.67 2.13	1.66 2.07	1.64 2.03	1.62 2.01
32	4.15 7.50	3.30 5.34	2.90 4.46	2.67 3.97	2.51 3.66	2.40 3.42	2.32 3.25	2.25 3.12	2.19 3.01	2.14 2.94	2.10 2.86	2.07 2.80	2.02 2.70	1.97 2.62	1.91 2.51	1.86 2.42	1.82 2.34	1.76 2.25	1.74 2.20	1.69 2.12	1.67 2.08	1.64 2.02	1.61 1.98	1.59 1.96
34	4.13 7.44	3.28 5.29	2.88 4.42	2.65 3.93	2.49 3.61	2.38 3.38	2.30 3.21	2.23 3.08	2.17 2.97	2.12 2.89	2.08 2.82	2.05 2.76	2.00 2.66	1.95 2.58	1.89 2.47	1.84 2.38	1.80 2.30	1.74 2.21	1.71 2.15	1.67 2.08	1.64 2.04	1.61 1.98	1.59 1.94	1.57 1.91
36	4.11 7.39	3.26 5.25	2.86 4.38	2.63 3.89	2.48 3.58	2.36 3.35	2.28 3.18	2.21 3.04	2.15 2.94	2.10 2.86	2.06 2.78	2.03 2.72	1.98 2.62	1.93 2.54	1.87 2.43	1.82 2.35	1.78 2.26	1.72 2.17	1.69 2.12	1.65 2.04	1.62 2.00	1.59 1.94	1.56 1.90	1.55 1.87
38	4.10 7.35	3.25 5.21	2.85 4.34	2.62 3.86	2.46 3.54	2.35 3.32	2.26 3.15	2.19 3.02	2.14 2.91	2.09 2.82	2.05 2.75	2.02 2.69	1.96 2.59	1.92 2.51	1.85 2.40	1.80 2.32	1.76 2.22	1.71 2.14	1.67 2.08	1.63 2.00	1.60 1.97	1.57 1.90	1.54 1.86	1.53 1.84
40	4.08 7.31	3.23 5.18	2.84 4.31	2.61 3.83	2.45 3.51	2.34 3.29	2.25 3.12	2.18 2.99	2.12 2.88	2.07 2.80	2.04 2.73	2.00 2.66	1.95 2.56	1.90 2.49	1.84 2.37	1.79 2.29	1.74 2.20	1.69 2.11	1.66 2.05	1.61 1.97	1.59 1.94	1.55 1.88	1.53 1.84	1.51 1.81
42	4.07 7.27	3.22 5.15	2.83 4.29	2.59 3.80	2.44 3.49	2.32 3.26	2.24 3.10	2.17 2.96	2.11 2.86	2.06 2.77	2.02 2.70	1.99 2.64	1.94 2.54	1.89 2.46	1.82 2.35	1.78 2.26	1.73 2.17	1.68 2.08	1.64 2.02	1.60 1.94	1.57 1.91	1.54 1.85	1.51 1.80	1.49 1.78
44	4.06 7.24	3.21 5.12	2.82 4.26	2.58 3.78	2.43 3.46	2.31 3.24	2.23 3.07	2.16 2.94	2.10 2.84	2.05 2.75	2.01 2.68	1.98 2.62	1.92 2.52	1.88 2.44	1.81 2.32	1.76 2.24	1.72 2.15	1.66 2.06	1.63 2.00	1.58 1.92	1.56 1.88	1.52 1.82	1.50 1.78	1.48 1.75
46	4.05 7.21	3.20 5.10	2.81 4.24	2.57 3.76	2.42 3.44	2.30 3.22	2.22 3.05	2.14 2.92	2.09 2.82	2.04 2.73	2.00 2.66	1.97 2.60	1.91 2.50	1.87 2.42	1.80 2.30	1.75 2.22	1.71 2.13	1.65 2.04	1.62 1.98	1.57 1.90	1.54 1.86	1.51 1.80	1.48 1.76	1.46 1.72
48	4.04 7.19	3.19 5.08	2.80 4.22	2.56 3.74	2.41 3.42	2.30 3.20	2.21 3.04	2.14 2.90	2.08 2.80	2.03 2.71	1.99 2.64	1.96 2.58	1.90 2.48	1.86 2.40	1.79 2.28	1.74 2.20	1.70 2.11	1.64 2.02	1.61 1.96	1.56 1.88	1.53 1.84	1.50 1.78	1.47 1.73	1.45 1.70

表 VI（続き）

分母(df_2)の自由度	分子(df_1)の自由度																					
	1	2	3	4	5	6	7	8	9	10	11	12	14	16	20	24	30	40	50	75	100	200	500	∞
50	4.03 7.17	3.18 5.06	2.79 4.20	2.56 3.72	2.40 3.41	2.29 3.18	2.20 3.02	2.13 2.88	2.07 2.78	2.02 2.70	1.98 2.62	1.95 2.56	1.90 2.46	1.85 2.39	1.78 2.26	1.74 2.18	1.69 2.10	1.63 2.00	1.60 1.94	1.55 1.86	1.52 1.82	1.48 1.76	1.46 1.71	1.44 1.68
55	4.02 7.12	3.17 5.01	2.78 4.16	2.54 3.68	2.38 3.37	2.27 3.15	2.18 2.98	2.11 2.85	2.05 2.75	2.00 2.66	1.97 2.59	1.93 2.53	1.88 2.43	1.83 2.35	1.76 2.23	1.72 2.15	1.67 2.06	1.61 1.96	1.58 1.90	1.52 1.82	1.50 1.78	1.46 1.71	1.43 1.66	1.41 1.64
60	4.00 7.08	3.15 4.98	2.76 4.13	2.52 3.65	2.37 3.34	2.25 3.12	2.17 2.95	2.10 2.82	2.04 2.72	1.99 2.63	1.95 2.56	1.92 2.50	1.86 2.40	1.81 2.32	1.75 2.20	1.70 2.12	1.65 2.03	1.59 1.93	1.56 1.87	1.50 1.79	1.48 1.74	1.44 1.68	1.41 1.63	1.39 1.60
65	3.99 7.04	3.14 4.95	2.75 4.10	2.51 3.62	2.36 3.31	2.24 3.09	2.15 2.93	2.08 2.79	2.02 2.70	1.98 2.61	1.94 2.54	1.90 2.47	1.85 2.37	1.80 2.30	1.73 2.18	1.68 2.09	1.63 2.00	1.57 1.90	1.54 1.84	1.49 1.76	1.46 1.71	1.42 1.64	1.39 1.60	1.37 1.56
70	3.98 7.01	3.13 4.92	2.74 4.08	2.50 3.60	2.35 3.29	2.32 3.07	2.14 2.91	2.07 2.77	2.01 2.67	1.97 2.59	1.93 2.51	1.89 2.45	1.84 2.35	1.79 2.28	1.72 2.15	1.67 2.07	1.62 1.98	1.56 1.88	1.53 1.82	1.47 1.74	1.45 1.69	1.40 1.63	1.37 1.56	1.35 1.53
80	3.96 6.96	3.11 4.88	2.72 4.04	2.48 3.56	2.33 3.25	2.21 3.04	2.12 2.87	2.05 2.74	1.99 2.64	1.95 2.55	1.91 2.48	1.88 2.41	1.82 2.32	1.77 2.24	1.70 2.11	1.65 2.03	1.60 1.94	1.54 1.84	1.51 1.78	1.45 1.70	1.42 1.65	1.38 1.57	1.35 1.52	1.32 1.49
100	3.94 6.90	3.09 4.82	2.70 3.98	2.46 3.51	2.30 3.20	2.19 2.99	2.10 2.82	2.03 2.69	1.97 2.59	1.92 2.51	1.88 2.43	1.85 2.36	1.79 2.26	1.75 2.19	1.68 2.06	1.63 1.98	1.57 1.89	1.51 1.79	1.48 1.73	1.42 1.64	1.39 1.59	1.34 1.51	1.30 1.46	1.28 1.43
125	3.92 6.84	3.07 4.78	2.68 3.94	2.44 3.47	2.29 3.17	2.17 2.95	2.08 2.79	2.01 2.65	1.95 2.56	1.90 2.47	1.86 2.40	1.83 2.33	1.77 2.23	1.72 2.15	1.65 2.03	1.60 1.94	1.55 1.85	1.49 1.75	1.45 1.68	1.39 1.59	1.36 1.54	1.31 1.46	1.27 1.40	1.25 1.37
150	3.91 6.81	3.06 4.75	2.67 3.91	2.43 3.44	2.27 3.13	2.16 2.92	2.07 2.76	2.00 2.62	1.94 2.53	1.89 2.44	1.85 2.37	1.82 2.30	1.76 2.20	1.71 2.12	1.64 2.00	1.59 1.91	1.54 1.83	1.47 1.72	1.44 1.66	1.37 1.56	1.34 1.51	1.29 1.43	1.25 1.37	1.22 1.33
200	3.89 6.76	3.04 4.71	2.65 3.88	2.41 3.41	2.26 3.11	2.14 2.90	2.05 2.73	1.98 2.60	1.92 2.50	1.87 2.41	1.83 2.34	1.80 2.28	1.74 2.17	1.69 2.09	1.62 1.97	1.57 1.88	1.52 1.79	1.45 1.69	1.42 1.62	1.35 1.53	1.32 1.48	1.26 1.39	1.22 1.33	1.19 1.28
400	3.86 6.70	3.02 4.66	2.62 3.83	2.39 3.36	2.23 3.06	2.12 2.85	2.03 2.69	1.96 2.55	1.90 2.46	1.85 2.37	1.81 2.29	1.78 2.23	1.72 2.12	1.67 2.04	1.60 1.92	1.54 1.84	1.49 1.74	1.42 1.64	1.38 1.57	1.32 1.47	1.28 1.42	1.22 1.32	1.16 1.24	1.13 1.19
1000	3.85 6.66	3.00 4.62	2.61 3.80	2.38 3.34	2.22 3.04	2.10 2.82	2.02 2.66	1.95 2.53	1.89 2.43	1.84 2.34	1.80 2.26	1.76 2.20	1.70 2.09	1.65 2.01	1.58 1.89	1.53 1.81	1.47 1.71	1.41 1.61	1.36 1.54	1.30 1.44	1.26 1.38	1.19 1.28	1.13 1.19	1.08 1.11
∞	3.84 6.64	2.99 4.60	2.60 3.78	2.37 3.32	2.21 3.02	2.09 2.80	2.01 2.64	1.94 2.51	1.88 2.41	1.83 2.32	1.79 2.24	1.75 2.18	1.69 2.07	1.64 1.99	1.57 1.87	1.52 1.79	1.46 1.69	1.40 1.59	1.35 1.52	1.28 1.41	1.24 1.36	1.17 1.25	1.11 1.15	1.00 1.00

表VII　$\rho=0$ を検定するための r の棄却値

両側検定を用いる時には，α は r の棄却値の列見出しに書かれている値を2倍します．それゆえ，$\alpha=0.05$ においては0.025の列を選択します．

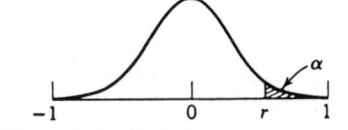

α \\ n	0.05	0.025	0.010	0.005
5	0.805	0.878	0.934	0.959
6	0.729	0.811	0.882	0.917
7	0.669	0.754	0.833	0.875
8	0.621	0.707	0.789	0.834
9	0.582	0.666	0.750	0.798
10	0.549	0.632	0.716	0.765
11	0.521	0.602	0.685	0.735
12	0.497	0.576	0.658	0.708
13	0.476	0.553	0.634	0.684
14	0.457	0.532	0.612	0.661
15	0.441	0.514	0.592	0.641
16	0.426	0.497	0.574	0.623

α \\ n	0.05	0.025	0.010	0.005
17	0.412	0.482	0.558	0.606
18	0.400	0.468	0.542	0.590
19	0.389	0.456	0.528	0.575
20	0.378	0.444	0.516	0.561
25	0.337	0.396	0.462	0.505
30	0.306	0.361	0.423	0.463
40	0.264	0.312	0.366	0.402
50	0.235	0.279	0.328	0.361
60	0.214	0.254	0.300	0.330
80	0.185	0.220	0.260	0.286
100	0.165	0.196	0.232	0.256

Tables VI and VII are from Paul G. Hoel, *Elementary Statistics*, 3rd ed., © 1971, John Wiley and Sons, Inc., New York, pp. 289, 292-294.

■付 録A 表　　　表VIII　χ^2分布の棄却点

第1列には自由度が示されています．その他の列の見出しには，χ^2 がそれぞれの数値を越える確率 (P) が与えられています．

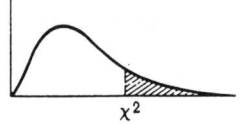

df \ P	0.050	0.025	0.010	0.005
1	3.84146	5.02389	6.63490	7.87944
2	5.99147	7.37776	9.21034	10.5966
3	7.81473	9.34840	11.3449	12.8381
4	9.48773	11.1433	13.2767	14.8602
5	11.0705	12.8325	15.0863	16.7496
6	12.5916	14.4494	16.8119	18.5476
7	14.0671	16.0128	18.4753	20.2777
8	15.5073	17.5346	20.0902	21.9550
9	16.9190	19.0228	21.6660	23.5893
10	18.3070	20.4831	23.2093	25.1882
11	19.6751	21.9200	24.7250	26.7569
12	21.0261	23.3367	26.2170	28.2995
13	22.3621	24.7356	27.6883	29.8194
14	23.6848	26.1190	29.1413	31.3193
15	24.9958	27.4884	30.5779	32.8013
16	26.2962	28.8454	31.9999	34.2672
17	27.5871	30.1910	33.4087	35.7185
18	28.8693	31.5264	34.8053	37.1564
19	30.1435	32.8523	36.1908	38.5822
20	31.4104	34.1696	37.5662	39.9968
21	32.6705	35.4789	38.9321	41.4010
22	33.9244	36.7807	40.2894	42.7956
23	35.1725	38.0757	41.6384	44.1813
24	36.4151	39.3641	42.9798	45.5585
25	37.6525	40.6465	44.3141	46.9278
26	38.8852	41.9232	45.6417	48.2899
27	40.1133	43.1944	46.9630	49.6449
28	41.3372	44.4607	48.2782	50.9933
29	42.5569	45.7222	49.5879	52.3356
30	43.7729	46.9792	50.8922	53.6720
40	55.7585	59.3417	63.6907	66.7659
50	67.5048	71.4202	76.1539	79.4900
60	79.0819	83.2976	88.3794	91.9517
70	90.5312	95.0231	100.425	104.215
80	101.879	106.629	112.329	116.321
90	113.145	118.136	124.116	128.299
100	124.342	129.561	135.807	140.169

付　録B　テスト

このテストは完成させるために1時間かかります．すべての章のマテリアルを含んでいます．テストを行う前にそれぞれの章の復習問題をすべて終えているかを確かめてください．

1．以下のデータの度数分布を描きなさい．
   17, 1, 3, 4, 4, 16, 2, 2, 2, 7, 8, 7, 1, 2, 2, 5, 4, 3, 12, 9, 6, 3, 6, 10, 5, 2, 3, 11, 14, 2, 2

2．問題1の度数分布の形について簡単に述べなさい．
3．問題1においてデータの中央値はいくつですか．
4．問題1においてデータの最頻値はいくつですか．
5．問題1においてデータの平均値はいくつですか．
6．問題1のデータはより大きな母集団から取り出された標本をあらわしています．母標準偏差の最良の推定値はいくつですか．
7．ある町で，住民の10%は，60歳を超えています．10人の住民の標本において60歳を越える人のいない確率は何%ですか．
8．以下の標本統計量にもとづいて μ の95%の信頼区間を作成しなさい．
   $n = 100$
   $\bar{x} = 10$
   $s = 5$
9．あなたはほぼ正規に分布している母集団から標本数15を用いて作業しています．信頼区間を作成するために用いる表は何ですか．

■付録B　テスト

10. あなたは2つのブランドのソフトドリンクの酸味の差に疑いを持っています．それぞれのブランドごとに10本ずつ無作為にボトルを選び酸味を測定します．結果は以下のとおりです．

　　Aブランド　　Bブランド
　　$n=10$　　　$n=10$
　　$\bar{x}=6.50$　　$\bar{x}=6.30$
　　$s=0.05$　　$s=0.04$

適切な統計的検定の概要を述べなさい．もし必要ならば，置かなければならない仮定は何ですか．2つのブランドの差は1％水準で有意ですか．

11. 「対立仮説 $\mu=5$ に対する検定の検出力は0.80です．」この一文を説明しなさい．

12. 以下のデータは，化学的な処理の前後における苗の成長率を表わしています．化学的な処理が成長率を減少させるという理論の適切な統計的検定の概要を述べなさい．もし必要ならば，置かなければならない仮定は何ですか．結果は5％水準で有意ですか．

苗	前	後
1	1	3
2	6	3
3	4	5
4	5	7
5	4	0
6	2	1
7	2	5

13. 問題12における前後のスコアの相関係数を計算しなさい．

14. 問題12のデータを用いて，苗の「事前」成長率で「事後」成長率を予測するために回帰式を用いなさい．

15. 標本データに基づいて，2つの母集団の分散に差があるのかを決定したいと思っています．用いる統計的検定は何ですか．公式を書きなさい．

16. あなたは，男性は女性よりも高いプライドを持つという理論を検定したいと思っています．質問事項（アンケート）に基づいて，男性と女性を高，中，低のプライドのカテゴリーにグループ分けします．結果は以下のとおりです．適切な統計的検定を行い，結果についてコメントしなさい．

	高	中	低
男性	10	30	10
女性	25	15	10

17. 以下の分散分析を完成させなさい．グループ間の差は有意ですか．（$\alpha = 0.01$）

	平方和	df	平均平方和	F
合計	580	29		
級間	175	2		
級内	405	27		

18. 2元配置分散分析に求められる仮定は何ですか．

■付 録B　テスト

解　答

1.

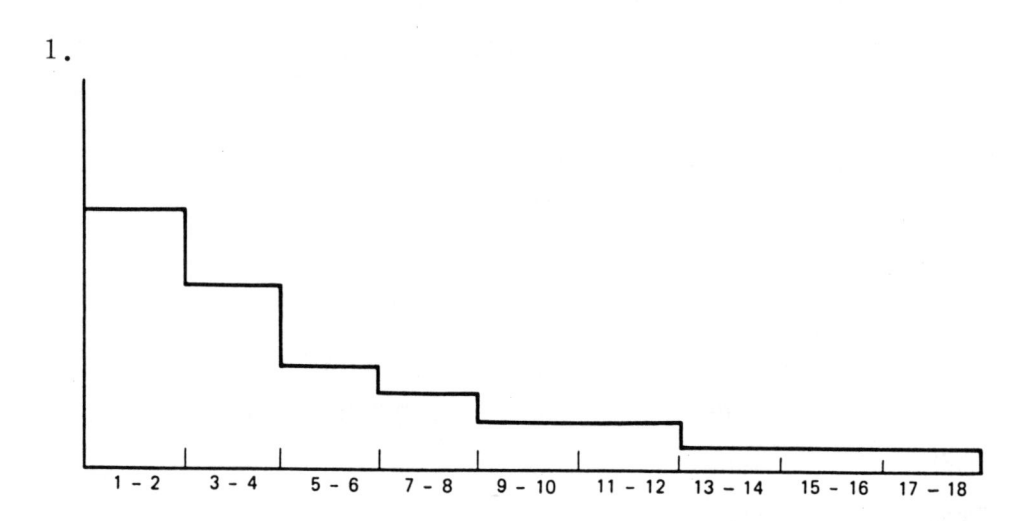

（ヒストグラム：区間 1-2, 3-4, 5-6, 7-8, 9-10, 11-12, 13-14, 15-16, 17-18 で右に歪んだ階段状の分布）

2. 右に歪んでいる

3. 4

4. 2

5. 5.6

6. 4.47

7. 0.349つまり35%

8. μ は，95%の信頼で9.02から10.98の間にあります。

9. 「t の棄却点」

10. 帰無仮説　　$\mu_1 = \mu_2$

　　　対立仮説　　$\mu_1 \neq \mu_2$

　　　有意水準　　$\alpha = 0.01$

　　　棄却域　　　$t \leq -2.78$　あるいは　$t \geq +2.78$

　　　仮定：両方のブランドがほぼ正規分布で，ほぼ等しい分散を持つ

$t=9.901$；差は有意です．

11. もし $\mu=5$ ならば，有意な結果を得る確率は80%です．

12. 差のスコアを用いなさい

    帰無仮説　　$\mu=0$

    対立仮説　　$\mu<0$

    有意水準　　$\alpha=0.05$

    棄却域　　　$t\leq-1.943$

    仮定：差のスコアの母集団は，ほぼ正規に分布している．

    $t=0$；結果は有意ではありません．

13. $r=0.22$

14. $b=0.29$；予測される「事後」のスコアは3.31です．

15. $F=s_1^2/s_2^2$

16. χ^2検定を用いなさい．$\chi^2=11.34$なので1%水準で有意です．この結果は，得られる分布が，もし男性と女性の間に差がないならば，偶然に生じることは起こりにくいことを示していますが，結果は男性が女性よりも高いプライドを持つとの理論を支持していません．

17. 　　　　　　平均平方和　　F

    合計

    級間　　　　87.5　　　　5.83

    級内　　　　15

    級間の差は有意です．

18. 仮定：すべての観測値は独立；すべてのグループは，ほぼ正規分布かつほぼ等しい分散を持つ．

付録B テスト

参 照

問題	章	問題	章	問題	章
1	1	7	2	13	7
2	1	8	3	14	7
3	1	9	3	15	6
4	1	10	5	16	8
5	1	11	4	17	6
6	3	12	5	18	9

索 引

あ行

r
　——の値 [value of]……………328(表)
　——を計算する [computing]……238-239
s ………………………………………91
$\bar{x}$
　——の棄却域 [critical region for]……152
F スコア [F score]……………………196
F 比 [F ratio]
　——を計算する [computing]…………188
F 表 [F table]…………………191, 193
　——のための表計算関数 [spreadsheet functions for]……………211-213
F 分布 [F distribution]……194, 195, 273, 289
　——の棄却値 [critical value of]…194-196
　——の棄却点 [critical point of]
　　…………………………190, 323-326(表)

か行

カイ 2 乗(χ^2) [chi square (χ^2)]
　——の確率 [probability of]……………273
　——の棄却値 [critical value of]…273-275
カイ 2 乗(χ^2)検定 [chi square (χ^2) tests]
　…………………………………………257-264
カイ 2 乗(χ^2)分布 [chi square (χ^2) distribution]……………………257-264
　——の棄却点 [critical value of]…328(表)
回帰式 [regression equation]………251, 253
　——を交差確認する [cross-validating]
　…………………………………………252
回帰分析 [regression analysis]…………247
　——の参照公式 [reference formulas for]
　…………………………………………305(表)
確率 [probability]

片側—— [one-tailed]……………211, 275
正規—— [normal]………………………82-84
二項—— [binomial]
　………………60-67, 67-69, 318-320(表)
累積された標本抽出—— [cumulative sampling]………………………135-137
確率値 [probability value]……115, 116, 274
過誤 [error]
　第 1 種と第 2 種の—— [type I and type II]………………………………143, 214
仮説 [hypothesis]
　帰無—— [null]……………………123-125
　対立—— [alternative]……………123, 125
　——検定を行う [testing]…………123-154
　——の参照公式 [reference formulas for]
　…………………………………305-307(表)
　——差のスコア [difference score]……155
　——相関 [correlation]……………240-244
　——P ……………………………………126
　——平均値 [mean]…………………139-142
　——平均値の差 [difference between means]………………………………164
仮説検定を行う [hypothesis testing]……123
片側検定 [one-tailed test]……………175, 176
カテゴリー [category]……………………2
　カイ 2 乗(χ^2)分布における—— [in chi square (χ^2) distribution]………257-264
観測値 [observation]……………………1, 205
「事前」／「事後」の—— [before/after]・155
棄却域 [critical region]…………136, 137, 202
棄却値 [critical value]………………135-137
　r の—— [of r]……………………………243
棄却点 [critical point]
　F の—— [of F]…………………………190

■索引

カイ2乗の―― [of chi square]………260
t の―― [of t]………………………107
帰無仮説 [null hypothesis]………123, 125
逆関数 [Inverse function]……………115
行 [row]
　　――についての F 比 [F ratios for]…298
曲線関係 [curvilinear relationships]
　　………………………………228, 249
検出力 [power]………………………146
検定 [test]
　　片側―― [one-tailed]
　　………………175, 179, 180, 193, 273
　　両側―― [two-tailed]…175, 179, 180, 193
　　――を選択する [choosing]………174-183
交互作用 [interaction]
　　――についての F 比 [F ratio for]……298
交差確認 [cross-validation]………251, 252

さ行

最頻値 [mode]……………………………1, 13
　　――を計算する [computing]………14, 38
散布図 [scattergram]………………222-229
　　――を作成する [constructing]………221
　　――のための表計算関数 [spreadsheet
　　　functions for]………………37, 84, 85
　　――母集団 [population]………………97
　　――を推定する [estimating]………94-96
散布度 [variability]……………………25-36
σ(シグマ) [σ]
　　未知の―― [unknown]…………103-113
　　――を推定する [estimating]…………119
差のスコア [difference score]………155-164
　　「事後」/「事前」スコアと―― [before/
　　　after scores and ～s]………………162
2乗 [squares]
　　――の表 [table of ～s]………309-317(表)
実験計画 [experimental design]……133, 143

自由度 [degree of freedom]………107, 171
　　F の―― [with F]……………………191
　　カイ2乗の―― [with chi square]……260
　　信頼区間と―― [confidence interval
　　　and]………………………………108
　　t の―― [with t]……………………109
　　分散分析の―― [with analysis of vari-
　　　ance]………………………………201
周辺 [marginal]………………………266
信頼区間 [confidence interval]……103, 104
　　回帰における―― [in regression]……251
　　自由度と―― [degree of freedom and]
　　………………………………………108
　　大標本，P についての―― [large sam-
　　　ple, for P,]……………………113-115
　　――の公式 [formula for]
　　………………………101, 305-307(表)
　　――を作成する [establishing]……96-101
　　平均値の―― [for mean]………………96
推定値 [estimate]………………………89
　　P の―― [of P]………………………94
　　標準偏差の―― [of standard deviation]
　　………………………………………95
　　平均値の―― [of mean]………………94
スコア [score]……………………181, 182
　　――の差 [difference between ～s]……155
　　――の有意性を検定する [testing signif-
　　　icance of]…………………………183
正規確率 [normal probability]
　　表計算ソフトによる―― [with spread-
　　　sheet programs]…………………82-84
正規確率表 [normal probability table]
　　…………………………………42, 104, 105
正規曲線の下の面積 [area under the nor-
　　mal curve]…………………76, 321(表)
正規分布 [normal distribution]………70-81
　　――表 [table]…………………………98

標準―― [standard] ……………………117
正規分布表 [normal distribution table]
　　……………………………………85, 98
z
　　――の棄却値を求める [finding critical
　　value for] ………………………115-117
z スコア [z score] ………………100, 101
　　平均値の差についての―― [for differ-
　　ence between means] ……………167
セル [cell] ……………………………270, 272
線形関係 [linear relationship] ……226, 228
相関係数 [correlation coefficient]・230-237
　　――を計算する [computing] 221, 244-246
　　――の有意水準 [significance level of]
　　……………………………………………240
総和記号 [summation sign] …………24, 34
測定値 [measurement] ………………183
　　――間の関係 [relation between ～s]
　　………………………………………221-254
　　――の分布 [distribution of] ………20

た行
対立仮説 [alternative] ………………123, 125
　　カイ2乗における―― [in chi square] 263
　　片側―― [one-tailed] …………………193
　　相関における―― [in correlation] ……243
　　分散分析における―― [in analysis of
　　variance] ………………………………193
　　両側―― [two-tailed] …………………193
中央値 [median] …………………………1
　　――を求める [finding] ……………21, 22
中心極限定理 [Central Limit Theorem] ・72
中心傾向 [central tendency] …………24, 25
　　――の測度 [measure of] …………20-24
「ツール」→「分析ツール」[Tools/Data
　　Analysis] ………………………………293
t 検定 [t test] …………160, 161, 164, 194, 214

差のスコアについての―― [for differ-
　　ence score] ……………………………160
　　――のための表計算関数 [spreadsheet
　　functions for] ………………………172-174
　　平均値の差についての―― [for differ-
　　ence between means] …………170, 214
t スコア [t score] …………115-119, 166, 176
　　――を計算する [computing] …………119
t 表 [t table] ……………………………161
t 分布 [t distribution] …………………118
　　――の棄却値 [critical value of]・・115-119
　　――の棄却点 [critical point of]・・322(表)
統計的検定 [statistical test] …………170-180
　　――を選択する [choosing]
　　………………………………174, 175, 277, 284
統計量 [statistic] ……………………45, 46, 48
　　母数と―― [parameter and] ・・89, 90, 91
独立 [independent] ………………………65
度数 [frequency] ………………………277
　　観測―― [observed] ………………259, 268
　　予測―― [predicted] …………259, 263, 265
度数分布 [frequency-distribution] ……2, 49
　　正規―― [normal] ………………13, 17, 38
　　双峰―― [bimodal] …………13, 15, 17, 38
　　表計算ソフトによる―― [with spread-
　　sheet programs] ……………………11
　　歪んでいる―― [skewed] ………13, 16
度数分布グラフ [frequency-distribution
　　graph] ……………………………1, 2-9

な行
2元配置分散分析 [two-way analysis of
　　variance] ………………………………283
二項確率 [binomial probability] ……113-115
　　――の棄却値 [critical value of]・・135-137
　　表計算ソフトによる―― [with spread-
　　sheet programs] ……………………67-69

■索　引

二項確率表 [binomial probability table]
　………………………41, 61, 63, 66

は行

母数 [parameter]………………………45
p
　――についての棄却域 [critical region for]………………………152
ピアソンの積率相関 [Pearson product-moment correlation]………230
P
　――に関する理論 [theory about]……123
　――の信頼区間 [confidence interval for]
　………………………113-115, 119
　――を検定する [testing]………152
　――を推定する [estimating]……119
標準偏差 [standard deviation]………1, 26
　――の公式 [formula for]…………26
　――の推定値 [estimate of]…………91
　標本の―― [of sample]……………91
　標本分布の―― [of sampling distribution]………………………99
　母集団の―― [of population]………91
標本 [sample]………………………41-76
　実験―― [experimental]………164-171
　対照―― [control]………………164
　母集団と―― [population and]……41-76
標本の大きさ [sample size]………106, 149
標本の分布 [sample distribution]…55, 56, 74
標本分布 [sampling distribution]…41, 47-60
　理論的―― [theoretical]……………124
標本分布表 [sampling distribution table]
　………………………………89
標本平均 [sample mean]………………79
　――の差 [difference between ～s]
　………………………………164-171
分散 [variance]………………………1, 2, 26

　――の差 [difference betweens]…187-215
　――の推定値 [estimate of]…………288
分散不均一 [heteroscedastic]……………172
分散分析 [analysis of variance]
　………………187, 196-210, 213-215
分散分析：繰り返しのある二元配置
　[ANOVA : Two-Factor with Replication]………………………294
　――F …………194, 273, 289, 323-326(表)
　――t …………115-119, 245, 322(表)
分布 [distribution]
　――の検定を行う [testing]………257-277
　正規―― [normal]……70-81, 98, 110, 117
　度数―― [frequency]……1, 2, 9, 10, 11-20
　――のカイ2乗検定 [chi square test of]
　………………………257-264, 328(表)
　標本―― [sampling]………41, 47-60, 61, 62
　標本の―― [sample]………45, 55, 56, 57, 74
　母集団―― [population]…45, 55, 56, 57, 74
　理論的／実際の―― [theoretical/actual]
　………………………………54
平均平方和 [variance]
　級間―― [between-groups]
　………………197, 198, 200, 201, 290
　行間―― [between-rows]……………291
　誤差―― [error]………………197
　列間―― [between-columns]…………291
平均値 [mean]………………………1
　――の差 [difference between ～s]
　………………………155-183, 187-215
　――の信頼区間 [confidence interval for]
　………………………………96
　――の推定値 [estimate]………………94
　――の有意性を検定する [testing significance of]………………183
　――を仮説検定する [hypothesis testing]
　………………………………164-171

──を求める ［finding］…………23, 71, 93
平均値の差 ［difference between means］
　…………………………………164-171
平方根 ［square root］
　──の表 ［table of ～s］……………309-317
平方和 ［sum of square］………………209
　級間── ［between-groups］
　…………………………202, 203, 205, 288
　級内── ［within-groups］……203, 205, 289
　行間── ［between-rows］…………289, 290
　全── ［total］……………………203, 205, 288
　列間 ［──between-columns］……289, 290
　──を計算する ［calculating］…………205
変数 ［varible］
　──の相乗効果 ［combined effect of ～s］
　…………………………………283-298
　──のためのカイ 2 乗(χ^2)検定 ［chi square(χ^2) test for］……………264-272
棒グラフ ［bar gragh］……………………2
母集団 ［population］……………………41

ま行
Microsoft Excel ［Microsoft Excel］
　──r(相関) ［r correlation］……………244
　──F 検定 ［F test］………………211-213
　──F 分布 ［F distribution］………211-213
　──カイ 2 乗(χ^2) ［chi square(χ^2)］
　……………………………………273, 274
　──最頻値 ［mode］……………………25
　──信頼区間 ［confidence interval］
　…………………………………102-103
　──正規分布 ［normal distribution］
　……………………………………82, 117
　──z スコア ［z score］………………117
　──中央値 ［median］……………………25
　──t 検定 ［t test］………………………172
　──t 分布 ［t distribution］……………119

──度数分布 ［frequency distribution］・11
──二項確率 ［binomial probabilities］・67
──標準偏差 ［standard deviation］・25, 95
──分散 ［variance］………………………25
──分散分析 ［analysis of variance］
　…………………………………293-295
──分散分析：繰り返しのある二元配置 ［ANOVA：Two-Factor With Replication］………………………………294
──平均値 ［average］……………………25
μ（ミュー）
　──の信頼区間 ［confidence interval for］
　……………………………………96-101
　──を推定する ［estimating］…………120
無作為 ［random］……………………65, 80

や行
有意水準 ［significance level］
　──の棄却域 ［critical region for］……134
　──を決定する ［determining］
　…………………………129, 130, 133, 138
有意な結果 ［significant result］…………128
歪んでいる ［skewed］……………………13
予測度数 ［predicted frequenc］259, 263, 265
　──を計算する ［calculating］…………271
予測 ［prediction］
　──の正確性 ［accuracy of］………246-254

ら行
$\rho=0$ ［ρ (rho)］………………………………338
　──を検定するための r の棄却値 ［critical values of r for testing］……327(表)
Lotus 1-2-3 ［Lotus 1-2-3］
　──r(相関) ［r correlation］……………244
　──F 検定 ［F test］………………211-213
　──カイ 2 乗(χ^2) ［chi square］…273-275
　──最頻値 ［mode］……………………25

■索　引

――正規分布 [normal distribution]
　　　　　　　　　　　　　…………82, 117
――z スコア [z score]……………117
――中央値 [median] ……………25
――t 検定 [t test]………………172
――t 分布 [t distribution] ………119
――度数分布 [frequency distribution]・11
――二項確率 [binomial probability]…67
――標準偏差 [standard deviation]・25, 95
――分散 [variance]………………25
――分散分析 [analysis of variance]
　　　　　　　　　　　　　………………293-295
――平均値 [average] ……………25

〈著者紹介〉

ドナルド J. クーシス（Donald J. Koosis）
Instructional Systems Consultants, Inc. 代表取締役

〈訳者紹介〉

林　由子（はやし　よしこ）
大阪経済大学経済学部専任講師

早わかり統計学

2001年(平成13年) 4月30日　　原著第4版翻訳第1刷発行
　　　　　　　　　　　　　　3302-0101

　　著　者　　ドナルド J.クーシス
　　訳　者　　林　　　由　子
　　発行者　　今　井　　貴
　　発行所　　信山社出版株式会社
　　〒113-0033 東京都文京区本郷6-2-9-102
　　　　　　　電　話　03 (3818) 1019
　　　　　　　FAX　　03 (3818) 0344
　　　　　　　　　　　Printed in Japan

Ⓒ林　由子，2001 印刷・製本／共立プリント
ISBN 4-7972-3302-8 C3333
3302-0101-012-600-050
NDC 分類 350.001

■ 好評発売中 ■

寺岡 寛著　2,200円
日本経済の歩みとかたち—成熟と変革への構図—
日本経済の歴史的歩みと現状を明快に描く最新の経済学入門

寺岡 寛著　2,800円
アメリカ中小企業論
中小企業と産業構造の存立変化を追う

吉尾匡三著　5,806円
金融論
金融論を学ぶための標準的テキスト

山口博幸著　6,000円
戦略的人間資源管理の組織論的研究
人事管理の戦略的な方法を研究

林 由子著　2,900円
家計消費の実証分析
あらゆる経済行動の基盤となる消費行動についての分析

岡田昭男著　5,000円
フラン圏の形成と発展—フランス・フランを基軸とする通過圏とECU（欧州統一通貨）—

渡辺 尚・クレナーW 編　8,000円
型の試練—構造変化と日独経済—
日本型・ドイツ型経済が直面する試練を総合分析。第11回日独経済学・社会科学シンポジウム東京大会の報告集。

中村静治著　8,252円
現代の技術革命
技術の内的発展法則の展開を徹底分析

山崎 怜著　4,635円
安価な政府の基本構造
「安価な政府」について研究した貴重な労作

信山社